"十四五"职业教育国家规划教材

机械设计基础学习手册

主　编　刘　慧　宋守彩　解美婷
副主编　郭爱荣　李更新　刘　涛
参　编　于筱颖　张斌玉　卢延芳
　　　　张彩霞　李秋全

北京理工大学出版社
BEIJING INSTITUTE OF TECHNOLOGY PRESS

目　　录

项目一　机器与机构认知 ·· 1

任务 1.1　认知机器与机构 ··· 1
一、学习导引 ··· 1
二、难点与重点点拨 ··· 4
三、任务部署 ··· 4
四、任务考核 ··· 5
五、任务拓展 ··· 5
六、技能鉴定辅导 ·· 6

任务 1.2　平面机构运动简图绘制 ··· 6
一、学习导引 ··· 6
二、难点与重点点拨 ··· 7
三、任务部署 ··· 7
四、任务考核 ··· 8
五、任务拓展 ··· 9
六、技能鉴定辅导 ·· 9

项目二　执行机构设计 ··· 12

任务 2.1　平面连杆机构设计 ··· 12
一、学习导引 ··· 12
二、难点与重点点拨 ··· 14
三、任务部署 ··· 14
四、任务考核 ··· 15
五、任务拓展 ··· 16
六、技能鉴定辅导 ·· 17

任务 2.2　凸轮机构设计 ·· 18
一、学习导引 ··· 18
二、难点与重点点拨 ··· 20
三、任务部署 ··· 20
四、任务考核 ··· 21
五、任务拓展 ··· 22
六、技能鉴定辅导 ·· 22

任务 2.3　螺旋传动机构设计 ··· 24
一、学习导引 ··· 24

二、难点与重点点拨 ·· 27
　　三、任务部署 ·· 27
　　四、任务考核 ·· 28
　　五、任务拓展 ·· 29
　　六、技能鉴定辅导 ··· 29

项目三　传动机构设计 ·· 34

任务3.1　带传动设计 ··· 34
　　一、学习导引 ·· 34
　　二、难点与重点点拨 ··· 38
　　三、任务部署 ·· 38
　　四、任务考核 ·· 40
　　五、任务拓展 ·· 41
　　六、技能鉴定辅导 ··· 41

任务3.2　链传动设计 ··· 44
　　一、学习导引 ·· 44
　　二、难点与重点点拨 ··· 46
　　三、任务部署 ·· 47
　　四、任务考核 ·· 48
　　五、任务拓展 ·· 49
　　六、技能鉴定辅导 ··· 49

任务3.3　齿轮传动设计 ·· 50
　　一、学习导引 ·· 50
　　二、难点与重点点拨 ··· 53
　　三、任务部署 ·· 53
　　四、任务考核 ·· 55
　　五、任务拓展 ·· 56
　　六、技能鉴定辅导 ··· 59

任务3.4　蜗杆传动设计 ·· 63
　　一、学习导引 ·· 63
　　二、难点与重点点拨 ··· 66
　　三、任务部署 ·· 66
　　四、任务考核 ·· 67
　　五、拓展任务 ·· 67
　　六、技能鉴定辅导 ··· 68

项目四　支承件设计 ·· 70

任务4.1　轴类零件设计 ·· 70
　　一、学习导引 ·· 70
　　二、难点与重点点拨 ··· 73
　　三、任务部署 ·· 73
　　四、任务考核 ·· 74

五、任务拓展 ……………………………………………………………………… 75
　　六、技能鉴定辅导 …………………………………………………………………… 75

任务 4.2　滑动轴承设计 ……………………………………………………………… 77
　　一、学习导引 ………………………………………………………………………… 77
　　二、难点与重点点拨 ………………………………………………………………… 79
　　三、任务部署 ………………………………………………………………………… 79
　　四、任务考核 ………………………………………………………………………… 80
　　五、任务拓展 ………………………………………………………………………… 81
　　六、技能鉴定辅导 …………………………………………………………………… 81

任务 4.3　滚动轴承设计选用 ………………………………………………………… 83
　　一、学习导引 ………………………………………………………………………… 83
　　二、难点与重点点拨 ………………………………………………………………… 84
　　三、任务部署 ………………………………………………………………………… 85
　　四、任务考核 ………………………………………………………………………… 86
　　五、任务拓展 ………………………………………………………………………… 86
　　六、技能鉴定辅导 …………………………………………………………………… 87

项目五　连接零件设计 ……………………………………………………………… 89

任务 5.1　螺纹连接设计选用 ………………………………………………………… 89
　　一、学习导引 ………………………………………………………………………… 89
　　二、难点与重点点拨 ………………………………………………………………… 92
　　三、任务部署 ………………………………………………………………………… 92
　　四、任务考核 ………………………………………………………………………… 93
　　五、任务拓展 ………………………………………………………………………… 94
　　六、技能鉴定辅导 …………………………………………………………………… 94

任务 5.2　键连接设计选用 …………………………………………………………… 97
　　一、学习导引 ………………………………………………………………………… 97
　　二、难点与重点点拨 ………………………………………………………………… 100
　　三、任务部署 ………………………………………………………………………… 101
　　四、任务考核 ………………………………………………………………………… 102
　　五、任务拓展 ………………………………………………………………………… 103
　　六、技能鉴定辅导 …………………………………………………………………… 104

任务 5.3　联轴器设计选用 …………………………………………………………… 106
　　一、学习导引 ………………………………………………………………………… 106
　　二、难点与重点点拨 ………………………………………………………………… 109
　　三、任务部署 ………………………………………………………………………… 110
　　四、任务考核 ………………………………………………………………………… 110
　　五、任务拓展 ………………………………………………………………………… 111
　　六、技能鉴定辅导 …………………………………………………………………… 112

项目一 机器与机构认知

随着社会生产力的不断提高,在现代生产和日常生活中,机器已成为代替或减轻人类劳动、提高劳动生产率的重要手段。使用机器的水平,即机械化程度的高低,是衡量一个国家现代化程度的重要标志。同时,不论是集中进行的大量生产,还是多品种、小批量生产,都只有使用机器才便于实现产品的标准化、系列化和通用化,实现产品生产的高度机械化、电气化和自动化。因此,设计、制造和广泛使用各种各样的机器是促进国民经济发展、加速我国社会主义现代化建设的重要内容。机器与机构的认知如图1-1所示。

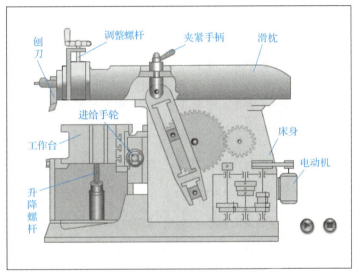

图 1-1

任务 1.1 认知机器与机构

一、学习导引

学习"机械设计基础"课程要先学会认知机器与机构,主要包括认识机器的外观和结构组成,了解组成机器的常用执行机构及机械传动机构的组成和功能,了解支撑传动的通用机械零部件的结构和它们的功能,学会对它们进行结构分析,这样你将有一个学习"机械设计基础"课程的良好开端。建议3~5人组成学习小组,充分利用网络教学资源,完成下面的学习任务。

网站浏览

1. 解释机器的含义。

2. 了解机器与机构的区别和联系。

3. 结合主体教材图 1-1-1 带式输送机示意图，完成下列问题。
(1) 分析工作原理。

(2) 带式输送机的用途是什么？

(3) 分析机器的几大组成。

4. 结合主体教材图 1-1-7 单缸四冲程内燃机示意图，完成下列问题。
(1) 分析工作原理。

(2) 概述单缸内燃机中的曲柄滑块机构是由哪些构件组成的，它们的作用是什么。

应知应会

机器的组成主要有原动机部分、传动部分、执行部分、控制部分和辅助部分。动力部分是机器的动力来源，它将各种能量（如热能、电能等）转变为机械能；工作部分是直接实现机器特定功能、完成生产任务的部分。传动部分按工作要求将动力部分的运动和动力传递给工作部分的中间环节。控制部分是控制机器启动、停车和变更运动参数的部分。

资源浏览

1. 小组讨论机器拆装时应该注意哪些问题。

2. 什么叫失效？零件的失效形式有哪些？（该内容是机械设计的重要参考因素）

3. 小组讨论构件与零件的区别和联系。

多学一手

机械符合"三化"要求。
标准化、系列化和通用化统称"三化"。采用"三化"的重要意义如下：
(1) 减轻设计工作量，以便把主要精力用在关键零部件的设计工作上；
(2) 便于安排专门工厂采用先进技术大规模地集中生产标准零部件，有利于合理使用原材料，保证产品质量和降低制造成本；
(3) 可以减少技术过失的重复出现；
(4) 增大互换性，便于维修工作；
(5) 有利于增加产品品种，扩大生产批量，达到产品的优质、高产和低消耗等。
"三化"程度的高低也常是评定产品的指标之一。"三化"是我国现行的很重要的一项技术政策。

集思广益

（1）小组长组织本任务的学习与考核，相互交流学习心得，写出问题答案。
（2）用书面的形式提交考核结果，小组集体预习下一学习任务。

1. 分析图牛头刨床的组成及工作原理，归纳机器的功用。

2. 根据你对自己将来职业的规划，结合所学专业的特点，谈谈你将怎样学习"机械设计基础"这门课程。

知识积累

机械零件的设计准则

设计准则主要有以下几种。

1. 强度准则

强度是零件应满足的基本要求。强度指零件在载荷的作用下抵抗断裂、塑性变形及表面失效的能力。强度可分为整体强度和表面强度（接触强度和挤压强度）两种。

整体强度的判定准则为：零件在危险截面处的最大应力不应超过允许的限度，即

$$\sigma \leq [\sigma]$$

而

$$\left([\sigma] = \frac{\sigma_{\lim}}{S}\right)$$

或

$$\tau \leq [\tau]，而 [\tau] = \frac{\tau_{\lim}}{S}$$

式中：$\sigma_{\lim}$，$\tau_{\lim}$——材料的极限正应力和切应力；

S——安全系数。

另一种表达形式为：危险截面处的实际安全系数 S 应大于或等于许用安全系数 $[S]$，这时强度条件可以写成 $S \geq [S]$。

在载荷作用下，两零件表面理论上为点或线接触，考虑到弹性变形，实际上为很小的面接触。在反复的接触应力作用下，表面接触强度的判定准则为：零件接触处的接触应力 σ_H 应该小于或等于许用接触应力值 $[\sigma_H]$，即 $\sigma_H \leq [\sigma_H]$。

通过局部配合间的接触来传递载荷的零件，在接触面上的压应力称为挤压应力。挤压应力过大，会发生表面塑性变形、表面压溃等。挤压强度的判定准则为：挤压应力 σ_p 应小于或等于许用挤压应力 $[\sigma_p]$，即 $\sigma_p \leq [\sigma_p]$。

2. 刚度准则

刚度是指零件受载后抵抗弹性变形的能力，其设计计算准则为：零件在载荷作用下产生的变形量应小于或等于机器工作性能允许的极限值。各种变形量计算公式可参考材料力学教材。

3. 散热性准则

零件工作时如果温度过高，将导致润滑剂失去作用，材料的强度极限下降，引起热变形及附加热应力等，从而使零件不能正常工作。散热性准则为：根据热平衡条件，工作温度 t 不应超过许用工作温度 $[t]$，即 $t \leq [t]$。

二、难点与重点点拨

本次学习任务的目标是了解机器的作用和组成；了解机器与机构、构件与零件的区别和联系。

学习重点：
- 机器的功能和组成；
- 传动机构；
- 执行机构；
- 构件与零件。

学习难点：
- 传动机构和执行机构的功能区分。

三、任务部署

阅读主体教材及本学习手册等相关知识，参考教材网站或光盘，按照表1-1-1要求完成学习任务。

表1-1-1 任务单 认知机器与机构

任务名称	认知机器与机构	学时		班级	
学生姓名		学生学号		任务成绩	
实训设备		实训场地		日期	
任务目的	□了解机器的作用； □了解机器的组成； □了解机器与机构的区别和联系； □了解构件与零件的区别和联系				
任务说明	一、任务要求 　　通过对带式输送机和单缸内燃机的结构、工作原理和类型进行介绍，初步了解零件、构件等基本知识，在此基础上进一步抽象总结出机器、机构的整体性概念，以及机器与机构的异同等关于机械的综合性知识，并为后面各项目学习任务的完成奠定基础。 二、任务实施条件 1. 机械设计手册； 2. 带式输送机、单缸内燃机的实物和三维模型，拆装机器的工具等				
任务内容	认知机器与机构				
任务实施	一、写出带式输送机的主要组成 二、写出内燃机的主要功能及组成				
谈谈本次课的收获，写出学习体会，并给任课教师提出建议					

四、任务考核

任务考核表见 1-1-2。

表 1-1-2　任务 1.1 考核表

任务名称：机器与机构认知　　　　　　　　专业_____20____级___班
第_____小组　　　　　　　　　　　　　　姓名_____学号_____

考核项目		分值/分	自评	备　注
信息收集	信息收集方法	5		从主体教材、网站等多种途径获取知识，并掌握关键词学习法
	信息收集情况	5		基本掌握主体教材相关知识点
	团队合作	10		团队合作能力强
任务实施	带式输送机的结构分析	10		
	内燃机的结构分析	10		
	机器和机构的区别与联系	15		
	构件与零件的区别与联系	15		
	失效形式	15		
	设计准则	15		
	小计	100		
其他考核				
考核人员	分值/分	评分	存在问题	解决办法
（指导）教师评价	100			
小组互评	100			
自评成绩	100			
总评	100		总评成绩 = 指导教师评价 × 35% + 小组评价 × 25% + 自评成绩 × 40%	

五、任务拓展

如图 1-1-1 所示，通过对现代汽车几大组成部分的分析，总结现代机器的主要特征。

图 1-1-1

项目一　机器与机构认知　5

六、技能鉴定辅导

能力目标

通过本任务的学习与训练，学生应该达到以下职业能力目标：
◆ 具有企业需要的基本职业道德和素质；
◆ 能够通过听课、查阅资料、检索及其他渠道收集资料和信息；
◆ 具有主动学习的能力、心态和行动；
◆ 分析机器的功能及其结构组成。

自 我 提 升

1. 填空题

（1）单缸内燃机是由_____机构和_____机构组成的。
（2）连杆是由_____、_____和_____组成的。
（3）内燃机中气阀开启和关闭的时刻、开启的程度完全由凸轮的_____来决定。
（4）减速器具有_____、_____、_____和使用寿命长等优点。减速器的种类很多，常用的有_____及_____减速器。
（5）单级齿轮减速器主要由_____、_____、一对直齿圆柱齿轮、轴承端盖和油塞等组成。
（6）带式输送机的主要参数有_____、_____和_____。
（7）带式输送机按其工作方式分为_____和_____两种。

2. 判断题

（1）内燃机能把热能转换成机械能，从而对外做功。（ ）
（2）减速器输出的转速可调。（ ）
（3）减速器大部分采用剖分式的箱体结构。（ ）
（4）带式输送机主要进行物料短距离的输送。（ ）
（5）根据所要求的传动比、输入转速和功率选用标准减速器或自行设计。（ ）

任务1.2　平面机构运动简图绘制

一、学习导引

实际构件的外形和结构往往很复杂，然而对机构进行分析和综合时，并不需要了解机构的真实外形和具体结构，只需要简明地表达机构的传动原理即可，即用简单的线条和符号画出图形来，以便进行方案讨论及运动、受力分析。这种用规定的线条与符号表示构件和运动副来表达各构件间相对运动关系的简图称为机构运动简图。

网站浏览

1. 运动副的概念及表达。

2. 自由度和运动副约束。

3. 运动链和机构。

应知应会

机构运动简图中一般应包括下列内容：
(1) 构件数目；
(2) 运动副的数目和类型；
(3) 构件之间的连接关系；
(4) 与运动变换相关的构件尺寸参数；
(5) 主动件及其运动特性。

1. 运动副及构件的表示方法
_____
_____

2. 绘制机构运动简图的步骤
_____
_____

3. 机构具有确定运动的条件
_____
_____

多学一手

平面机构自由度的计算：

$$F = 3n - 2p_L - p_H$$

集思广益

(1) 试计算单缸内燃机的自由度。
(2) 小组讨论计算机构自由度的注意事项。

结合任务 1.1 分析牛头刨床的组成及工作原理，绘制牛头刨床的结构简图。

二、难点与重点点拨

本次学习任务的目标是能够辨识运动副的类型，能够分析运动副约束，能够按照机构运动简图绘制内容和方法正确绘制机器的运动简图。

学习重点：
- 能够辨识运动副的类型；
- 能够分析运动副约束；
- 能够正确绘制机器的运动简图。

学习难点：
- 绘制机器的运动简图。

三、任务部署

阅读主体教材及本学习手册等相关知识，参考教材网站或光盘，按照表 1-2-1 的要求完成学习任务。

表1-2-1 任务单 平面机构运动简图绘制

任务名称	平面机构运动简图绘制	学时		班级	
学生姓名		学生学号		任务成绩	
实训设备		实训场地		日期	
任务目的	1. 了解运动副的概念及表达； 2. 理解自由度和运动副约束； 3. 掌握平面机构运动简图的绘制内容和方法				
任务说明	通过对颚式破碎机结构、工作原理的分析，能够绘制机器的运动简图				
任务内容	平面机构运动简图绘制				
任务实施	一、认识各种运动副的类型 二、分析运动副及其构件表示方法 三、绘制平面机构运动简图的步骤 四、绘制颚式破碎机运动简图				
谈谈本次课的收获，写出学习体会，并给任课教师提出建议					

四、任务考核

任务考核表见1-2-2。

表1-2-2 任务1.2考核表

任务名称：平面机构运动简图绘制 专业_____20____级___班
第_____小组 姓名_____学号_____

考核项目		分值/分	自评	备注
信息收集	信息收集方法	5		从主体教材、网站等多种途径获取知识，并掌握关键词学习法
	信息收集情况	5		基本掌握主体教材相关知识点
	团队合作	10		团队合作能力强
	认识各种运动副的类型	20		
	分析运动副及其构件表示方法	20		

续表

考核项目		分值/分	自评	
信息收集	绘制平面机构运动简图的步骤	20		
	绘制颚式破碎机运动简图	20		
	小计	100		
其他考核				
考核人员	分值/分	评分	存在问题	解决办法
（指导）教师评价	100			
小组互评	100			
自评成绩	100			
总评	100		总评成绩＝指导教师评价×35%＋小组评价×25%＋自评成绩×40%	

越修越好

素养体现到职场上的就是职业素养，体现在生活中的就是个人素质或者道德修养。职业素养是指职业内在的规范、要求以及提升，是在职业过程中表现出来的综合品质，包含职业道德、职业技能、职业行为、职业作风和职业意识规范；时间管理能力提升、有效沟通能力提升、团队协作能力提升、敬业精神、团队精神；还有重要的一点就是个人的价值观和公司的价值观能够衔接。

五、任务拓展

从日常生活或生产实践中寻找高副和低副的应用实例，并联系高副和低副的特点进行分析。

六、技能鉴定辅导

能力目标

通过本任务的学习与训练，学生应该达到以下职业能力目标：
◆具有企业需要的基本职业道德和素质；
◆能够通过听课、查阅资料、检索及其他渠道收集资料和信息；
◆具有主动学习的能力、心态和行动；
◆计算机构的平面自由度。

自 我 提 升

1. 填空题

（1）这种使构件_____并能产生_____的连接，称为运动副。
（2）两构件组成运动副时，构件上能参与接触的_____、_____、_____称为运动副元素。
（3）根据运动副中两构件的接触形式不同，运动副可分为_____和_____两类。

（4）两构件通过_____接触而组成的运动副称为低副。
（5）机构的自由度即_____所具有独立运动的数目。
（6）机构是由原动件、_____和_____三部分构成的。
（7）两构件用低副连接时，相对自由度为_____。
（8）平面机构的自由度计算公式为 $F=$ _____。当机构的_____数等于_____数时，机构就具有确定的相对运动。

2. 判断

（1）运动副是两个构件之间具有相对运动的连接。（　　）
（2）两构件通过面接触组成的运动副称为低副。（　　）
（3）火车车轮与钢轨之间的运动副称为转动副。（　　）
（4）高副能传递较复杂的运动。（　　）
（5）用螺栓把两个件连接起来构成运动副。（　　）
（6）计算机构自由度时应将局部自由度除去不计。（　　）
（7）轴和滑动轴承组成低副。（　　）
（8）键与滑移齿轮组成移动副。（　　）
（9）平面低副机构中，每个转动副和移动副所引入的约束数目是相同的。（　　）
（10）局部自由度不一定存在于滚子从动件的凸轮机构中。（　　）
（11）机构具有确定运动的充分和必要条件是其自由度大于零。（　　）

3. 选择填空

（1）下列机构中的运动副，属于低副的是_____。
A. 内燃机中气缸与活塞的运动副
B. 内燃机中气门杆与凸轮之间的运动副
C. 齿轮啮合所形成的运动副
D. 车轮与钢轨
（2）在自行车的下列连接中，属于运动副的是_____。
A. 前叉与轴　　　B. 轴与车轮　　　C. 辐条与内圈　　　D. 轮胎与钢圈
（3）在平面内用低副连接的两构件共有_____个自由度。
A. 3　　　B. 4　　　C. 5　　　D. 6
（4）在平面内用高副连接的两构件共有_____个自由度。
A. 3　　　B. 4　　　C. 5　　　D. 6
（5）转动副具有_____个约束、_____个自由度。
A. 1　　　B. 2　　　C. 3　　　D. 4
（6）_____保留了2个自由度，带进了1个约束。
A. 低副　　　B. 高副　　　C. 转动副　　　D. 移动副
（7）构件的组合能否成为机构，其必要条件为（　　）
A. $F>0$　　　B. $F=0$　　　C. $F<0$　　　D. $F\leq 0$
（8）若复合铰链处有3个构件汇集在一起，应有_____个转动副。
A. 4　　　B. 3　　　C. 2　　　D. 1
（9）计算机构自由度时，对于虚约束应该_____。
A. 除去不计　　　　　　　　　B. 考虑在内
C. 除不除去都行　　　　　　　D. 固定
（10）机构运动简图与_____无关。

A. 构件数目
C. 构件和运动副的结构
B. 运动副的数目、类型
D. 运动副的相对位置

4. 名词解释

（1）高副。

（2）机构运动简图。

（3）复合铰链。

项目二 执行机构设计

在项目一中我们知道,机构是由构件组成的,各构件之间具有确定的相对运动。显然,任意拼凑的构件组合不一定能发生相对运动,即使能够运动,也不一定具有确定的相对运动。讨论构件按照什么条件进行组合才具有确定的相对运动,对于分析现有机构或设计新的机构都非常重要。机器中的执行机构如图 2-1 所示。

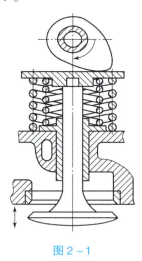

图 2-1

任务 2.1 平面连杆机构设计

一、学习导引

低副是面接触,耐磨损;加上转动副和移动副的接触表面是圆柱面和平面,制造简便,易于获得较高的制造精度。因此,由低副连接的平面连杆机构在各种机械和仪器中获得广泛应用。为了使从动件获得不同的运动规律及运动轨迹,要了解平面连杆机构的运动特性及分类等,从而学会设计平面连杆机构。建议 3~5 人组成学习小组,充分利用网络教学资源完成下面的学习任务。

网站浏览

1. 解释平面四杆机构的含义。

2. 了解曲柄与摇杆的区别。

3. 掌握铰链四杆机构的基本形式。

4. 试举出平面四杆机构的实例。
___

应知应会

曲柄存在的条件：
(1) 最长杆与最短杆的长度之和应≤其他两杆长度之和，即杆长条件。
(2) 连架杆或机架之一为最短杆

团队学习

1. 讨论一个平面四杆机构分别在什么情况下能够获得双摇杆、双曲柄和曲柄摇杆机构。
___
___

2. 小组讨论什么是急回特性，其程度用什么表示。
___
___

3. 分析传动角与压力角的关系，并说明其作用。
___
___

多学一手

曲柄滑块机构，以不同构件作为机架可以获得转动导杆机构、曲柄摇块机构、移动导杆机构等不同的机构。

> **集思广益**
> (1) 小组长组织本项目的学习与考核，相互交流学习心得，写出问题答案。
> (2) 用书面的形式提交考核结果，小组集体预习下一学习任务。

1. 曲柄滑块机构是由哪种机构演化而来的？是如何演化的？
___
___

2. 对心式的滑块行程与曲柄长度有怎样的关系？
___
___

知识积累

死点位置

1. 死点的存在场合

对于曲柄摇杆机构，当以摇杆为主动件时，机构将存在死点位置；
对于曲柄滑块机构，当以滑块为主动件时，机构将存在死点位置；
对于摆动导杆机构，当以导杆为主动件时，机构将存在死点位置。

2. 机构的死点与极位的关系

机构的极位和死点实际上是机构的同一位置,所不同的仅是机构的原动件不同。

当原动件与连杆共线时为极位。在极位附近,由于从动件的速度接近于零,故可获得很大的增力效果(机械利益)。

当从动件与连杆共线时为死点。机构在死点时本不能运动,但如因冲击、振动等原因使机构离开死点而继续运动时,从动件的运动方向是不确定的,既可能正转也可能反转,故机构的死点位置也是机构运动的转折点。

二、难点与重点点拨

本次学习任务的目标是会用图解法设计平面四杆机构,并能够掌握铰链四杆机构的运动特性。

学习重点:
- 平面四杆机构的类型和运动特性;
- 平面四杆机构的运动设计;
- 平面四杆机构的演化。

学习难点:
- 平面四杆机构的运动特性。

三、任务部署

阅读主体教材、自主学习手册等相关知识,参考教材网站或光盘,按照表 2-1-1 要求完成学习任务。

表 2-1-1 任务单 平面连杆机构设计

任务名称	平面连杆机构设计	学时		班级	
学生姓名		学生学号		任务成绩	
实训设备		实训场地		日期	
任务目的	学会平面连杆机构的设计方法					

任务说明	一、任务要求
	  学会图解法设计曲柄滑块机构
	二、任务实施条件
	  1. 图板一块;
	  2. 直尺一把;
	  3. 圆规一个;
	  4. 铅笔及 A4 绘图纸						

任务内容	设计曲柄滑块机构				
任务实施	一、熟悉铰链四杆机构的演化及运动特性 二、计算有关参数 三、图解法绘制				

续表

任务名称	平面连杆机构设计	学时		班级	
学生姓名		学生学号		任务成绩	
实训设备		实训场地		日期	
谈谈本次课的收获，写出学习体会，并给任课教师提出建议					

四、任务考核

任务考核见表 2-1-2。

表 2-1-2　任务 2.1 考核表

任务名称：平面连杆机构设计　　　　　　　　　　专业_____20____级___班
第_____小组　　　　　　　　　　　　　　　　　姓名_____学号_____

考核项目		分值/分	自评	备注
信息收集	信息收集方法	5		从主体教材、网站等多种途径获取知识，并掌握关键词学习法
	信息收集情况	5		基本掌握主体教材相关知识点
	团队合作	10		团队合作能力强
任务实施	分析平面四杆机构的类型	10		
	四杆机构在生产中的实例	10		
	铰链四杆机构有曲柄存在的条件	15		
	平面四杆机构的传动特性分析	15		
	铰链四杆机构的演化	15		
	平面四杆机构的设计	15		
小计		100		
其他考核				

考核人员	分值/分	评分	存在问题	解决办法
（指导）教师评价	100			
小组互评	100			
自评成绩	100			
总评	100		总评成绩＝指导教师评价×35%＋小组评价×25%＋自评成绩×40%	

项目二　执行机构设计

五、任务拓展

1. 小组讨论图 2-1-1 所示各机构分别属于哪一种机构。

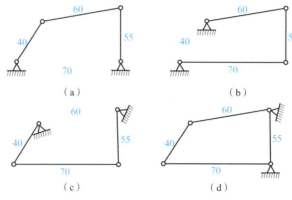

图 2-1-1

2. 按给定连杆位置设计四杆机构,如图 2-1-2 所示,分析设计过程。

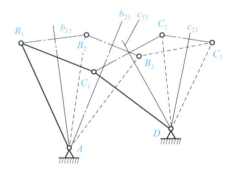

图 2-1-2

3. 按给定两连架杆的对应位置设计四杆机构,如图 2-1-3 所示,分析设计过程。

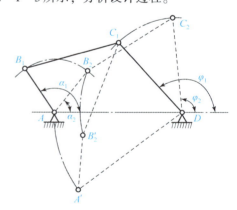

图 2-1-3

六、技能鉴定辅导

能力目标

通过本任务的学习与训练，学生应该达到以下职业能力目标：
◆具有企业需要的基本职业道德和素质；
◆能够通过听课、查阅资料、检索及其他渠道收集资料和信息；
◆具有主动学习的能力、心态和行动；
◆掌握四杆机构的基本型式及特点；
◆掌握平面四杆机构的基本特性；
◆掌握图解法设计平面四杆机构。

自 我 提 升

1. 填空题

（1）当平面四杆机构中的运动副都是_____副时，就称为铰链四杆机构，它是平面四杆机构的_____。

（2）在铰链四杆机构中，与机架用转动副相连接的构件称为_____，不与机架直接连接的构件称为_____。

（3）在曲柄摇杆机构中，若减小曲柄长度，则摇杆摆角_____。

（4）在曲柄摇杆机构中，行程速比系数与极位夹角的关系为_____。

（5）曲柄摇杆机构的_____不等于0°，则急回特性系数就_____，机构就具有急回特性。

（6）在曲柄摇杆机构中，若以摇杆为原动件，则曲柄与连杆的共线位置是_____位置。

（7）四杆机构中若对杆两两平行且相等，则构成_____机构。

（8）曲柄连杆机构的"死点"位置，将使机构在传动中出现_____或发生运动_____等现象。

（9）在实际生产中，常常利用急回运动这个特性来缩短_____时间，从而提高_____。

（10）曲柄滑块机构是由曲柄摇杆机构的_____长度趋向_____演变而来的。

（11）将曲柄滑块机构的_____改作固定机架时，可以得到导杆机构。

（12）曲柄摇杆机构产生"死点"位置的条件是：摇杆为_____件，曲柄为_____件。

2. 判断题

（1）平面连杆机构各构件运动轨迹都在同一平面或相互平行的平面内。（   ）
（2）平面连杆机构的基本形式是铰链四杆机构。（   ）
（3）铰链四杆机构都有连杆和固定件。（   ）
（4）只有以曲柄摇杆机构的最短杆作固定机架，才能得到双曲柄机构。（   ）
（5）在曲柄摇杆机构中，以曲柄为原动件时，最小传动角出现在曲柄与机架共线处。（   ）
（6）在曲柄摇杆机构中，增加连杆的长度可使摇杆摆角减小。（   ）
（7）铰链四杆机构形式的改变，只能通过选择不同构件作机构的固定机架来实现。（   ）
（8）曲柄滑块机构，滑块在做往复运动时，不会出现急回运动。（   ）
（9）利用改变构件之间相对长度的方法，可以把曲柄摇杆机构改变成双摇杆机构。（   ）
（10）曲柄摇杆机构的摇杆，在两极限位置之间的夹角叫作摇杆的摆角。（   ）

（11）极位夹角 θ 的大小是根据急回特性系数 K 值通过公式求得的，而 K 值是设计时事先确定的。（　　）

（12）曲柄滑块机构能把主动件的等速旋转运动转变成从动件的直线往复运动。（　　）

（13）曲柄摇杆机构，双曲柄机构和双摇杆机构，它们都具有产生"死点"位置和急回运动特性的可能。（　　）

（14）在实际生产中，机构的"死点"位置对工作都是不利的，处处都要考虑克服。（　　）

（15）偏心轮机构的工作原理与曲柄滑块机构相同。（　　）

3. 做一做

一铰链四杆机构中，已知 $l_{BC} = 500$ mm，$l_{CD} = 350$ mm，$l_{AD} = 300$ mm，AD 为机架。试问：

（1）若此机构为曲柄摇杆机构，且 AB 为曲柄，求 l_{AB} 的最大值；

（2）若此机构为双曲柄机构，求 l_{AB} 的最小值；

（3）若此机构为双摇杆机构，求 l_{AB} 的取值范围。

任务2.2　凸轮机构设计

一、学习导引

结合主体教材图1-1-7，分析内燃机的工作原理。内燃机是如何工作的？在内燃机中，配气气门的开启和关闭是靠什么机构？凸轮是什么形状？凸轮在内燃机中起什么作用？气门的开启与关闭时间的长短对内燃机的工作有何影响？建议3~5人组成学习小组，充分利用网络教学资源完成下面的学习任务。

网站浏览

1. 解释凸轮机构的优点。

_____

_____

2. 对照图2-2-1，了解相关概念。

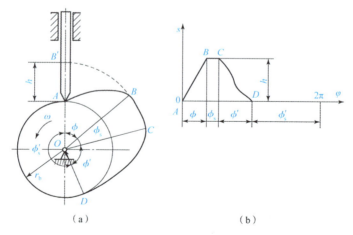

图2-2-1

(1) h 指的是 _____。
(2) ϕ 指的是 _____。
(3) ϕ_s 指的是 _____。
(4) ϕ' 指的是 _____。
(5) ϕ'_s 指的是 _____。
(6) r_b 指的是 _____。
3. 解释凸轮从动件不同运动规律中的刚性冲击和柔性冲击。
_____
_____

应知应会

对照主体教材图 2-2-13，当凸轮逆时针以等角速度 ω_1 绕轴心转动时，从动件按预期运动规律运动；若将整个凸轮机构以角速度 $-\omega_1$ 转动，则相当于凸轮静止，从动件与导路一起以角速度 $-\omega_1$ 绕凸轮转动。把原来转动的凸轮看成是静止不动的，而把原来静止不动的导路及原来往复移动的从动件看成反转运动的这一原理，称为"反转法"原理。

团队学习

1. 压力角是如何影响凸轮机构的正常运动的？推程和回程许用压力角的推荐取值分别是多少？
_____
_____

2. 为得到较好的凸轮传力性能，基圆半径该取大些还是取小些？

3. 小组讨论凸轮机构中滚子半径应如何取值。
_____
_____
_____

多学一手

等加速等减速运动规律曲线如图 2-2-2 所示，分析其工作中的刚性冲击和柔性冲击情况。

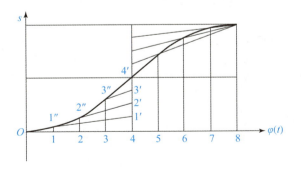

(a)

图 2-2-2

项目二 执行机构设计

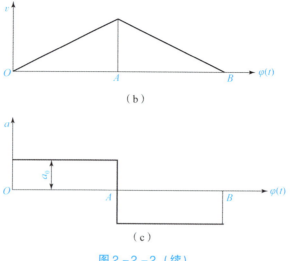

（b）

（c）

图 2-2-2（续）

> **集思广益**
> （1）小组长组织本项目的学习与考核，相互交流学习心得，写出问题答案。
> （2）用书面的形式提交考核结果，小组集体预习下一学习任务。

1. 尖顶从动件和滚子从动件及平底从动件在凸轮设计中是否一样？小组讨论分析。

_____
_____
_____

2. 小组讨论分析任务中的匀速运动规律及余弦运动规律的运动曲线。

_____
_____
_____
_____

二、难点与重点点拨

本次学习任务的目标是掌握凸轮机构主要参数的选择方法，并能够根据反转法设计凸轮机构。

学习重点：
- 常用的从动件运动规律及特点；
- 凸轮机构主要参数的选择；
- 反转法设计凸轮轮廓曲线。

学习难点：
- 反转法设计凸轮轮廓曲线。

三、任务部署

阅读主体教材及本学习手册等相关知识，参考教材网站或光盘，按照表 2-2-1 要求完成学习任务。

表 2-2-1　任务单　凸轮机构设计

任务名称	凸轮机构设计	学时		班级	
学生姓名		学生学号		任务成绩	
实训设备		实训场地		日期	
任务目的	掌握反转法设计凸轮机构的步骤					
任务说明	一、任务要求 　　学会设计对心尖顶从动件凸轮机构。 二、任务实施条件 　1. 图板一块； 　2. 直尺一把； 　3. 圆规一个； 　4. 铅笔及 A4 绘图纸				
任务内容	设计对心直动平底盘形凸轮				
任务实施	一、熟悉凸轮机构的相关概念 二、计算凸轮机构的有关参数 三、写出反转法设计对心直动平底盘形凸轮轮廓曲线的主要步骤				
谈谈本次课的收获，写出学习体会，并给任课教师提出建议					

四、任务考核

任务考核见表 2-2-2。

表 2-2-2　任务 2.2 考核表

任务名称：凸轮机构设计　　　　　　　　　　　　　　　　专业_____20_____级____班
第_____小组　　　　　　　　　　　　　　　　　　　　　姓名_____学号_____

	考核项目	分值/分	自评	备 注
信息收集	信息收集方法	5		从主体教材、网站等多种途径获取知识，并掌握关键词学习法
	信息收集情况	5		基本掌握主体教材相关知识点
	团队合作	10		团队合作能力强

续表

考核项目		分值/分	自评	备 注
任务实施	确定凸轮的基本参数	20		角速度、基圆半径、升程、推程运动角、远休止角、回程运动角、近休止角等
	设计凸轮的轮廓曲线	55		盘形凸轮的设计步骤
	检查完成	5		
小计		100		
其他考核				
考核人员	分值/分	评分	存在问题	解决办法
（指导）教师评价	100			
小组互评	100			
自评成绩	100			
总评	100		总评成绩＝指导教师评价×35％＋小组评价×25％＋自评成绩×40％	

越修越好

素养体现在职场上的就是职业素养，体现在生活中的就是个人素质或者道德修养。职业素养是指职业内在的规范、要求以及提升，是在职业过程中表现出来的综合品质，包含职业道德、职业技能、职业行为、职业作风和职业意识规范；时间管理能力提升、有效沟通能力提升、团队协作能力提升、敬业精神、团队精神；还有重要的一点就是个人的价值观和公司的价值观能够衔接。

五、任务拓展

已知从动件升程 $h=30$ mm，$\phi=150°$，$\phi_s=30°$，$\phi'=120°$，$\phi'_s=60°$，从动件在推程做简谐运动，在回程做等加速等减速运动。

（1）试作出位移曲线图。

（2）凸轮基圆半径 $r_0=60$ mm，滚子半径 $r_g=10$ mm，用图解法绘出滚子从动件盘形凸轮轮廓。

（3）校核推程压力角。

六、技能鉴定辅导

能力目标

通过本任务的学习与训练，学生应该达到以下职业能力目标：

◆ 具有企业需要的基本职业道德和素质；

◆ 能够通过听课、查阅资料、检索及其他渠道收集资料和信息；

◆ 具有主动学习的能力、心态和行动；

◆ 基本参数的选择；

◆ "反转法"设计凸轮轮廓曲线。

自 我 提 升

1. 选择题

(1) 凸轮机构的移动式从动杆能实现_____。
　A. 匀速、平稳的直线运动　　　　　　B. 简谐直线运动
　C. 各种复杂形式的直线运动　　　　　D. 各种摆动

(2) 凸轮与从动件接触处的运动副属于_____。
　A. 高副　　　B. 转动副　　　C. 移动副　　　D. 螺旋副

(3) 要使常用凸轮机构正常工作，必须以凸轮_____。
　A. 作从动件并匀速转动　　　　　　B. 作主动件并变速转动
　C. 作主动件并匀速转动　　　　　　D. 作主动件并变速移动

(4) 在要求_____的凸轮机构中，宜使用滚子式从动件。
　A. 传力较大　　B. 传动准确、灵敏　　C. 转速较高　　D. 高速重载

(5) _____的凸轮机构，宜使用尖顶从动件。
　A. 需传动灵敏、准确　　　　　　B. 运动规律复杂
　C. 转速较高　　　　　　　　　　D. 传力较大

(6) 从动件的运动规律决定了凸轮的_____。
　A. 轮廓曲线　　B. 形状　　　C. 转速　　　D. 转角

(7) 从动件做等速运动规律的凸轮机构，一般适用于_____的场合。
　A. 低速轻载　　B. 中速中载　　C. 高速轻载　　D. 低速重载

(8) 使用滚子式从动杆的凸轮机构，为避免运动规律失真，滚子半径 r 与凸轮理论轮廓曲线外凸部分的最小曲率半径 $\rho_{\min}$ 之间应满足_____。
　A. $r > \rho_{\min}$　　B. $r = \rho_{\min}$　　C. $r < \rho_{\min}$　　D. $r \leqslant \rho_{\min}$

(9) 当凸轮转角 φ 和从动杆行程 h 一定时，基圆半径 r_0 与压力角 α 的关系是_____。
　A. r_0 越小则 α 越小　　　　　B. r_0 越小则 α 越大
　C. r_0 变化而 α 不变　　　　　D. r_0 不变化而 α 变化

(10) 在减小凸轮机构尺寸时，首先应考虑_____。
　A. 压力角不超过许用值　　　　　　B. 凸轮制造材料的强度
　C. 从动件的运动规律　　　　　　　D. 凸轮轴的强度

(11) 下述凸轮机构从动件常用运动规律中存在刚性冲击的是_____。
　A. 等速　　B. 等加速等减速　　C. 正弦加速度　　D. 余弦加速度

(12) 下述凸轮机构从动件常用运动规律中存在柔性冲击的是_____。
　A. 等速　　B. 等加速等减速　　C. 正弦加速度　　D. 等加速

(13) _____是影响凸轮机构结构尺寸大小的主要参数。
　A. 基圆半径　　B. 轮廓曲率半径　　C. 滚子半径　　D. 压力角

2. 判断题

(1) 凸轮机构广泛应用于机械自动控制。　　　　　　　　　　　　　　　　　（　　）
(2) 凸轮与从动件在高副接触处，难以保持良好的润滑而易磨损。　　　　　　（　　）
(3) 圆柱凸轮机构中，凸轮与从动杆在同一平面或相互平行的平面内运动。　　（　　）
(4) 平底从动杆不能用于具有内凹槽曲线的凸轮。　　　　　　　　　　　　　（　　）
(5) 凸轮机构的等加速等减速运动，是从动杆先做等加速上升，然后再做等减速下降完成的。
　　　　　　　　　　　　　　　　　　　　　　　　　　　　　　　　　　（　　）

(6) 凸轮压力角指凸轮轮廓上某点的受力方向与其运动速度方向之间的夹角。（　　）
(7) 凸轮机构的滚子半径越大，实际轮廓越小，则机构越小而轻，所以我们希望滚子半径尽量大。（　　）
(8) 根据实际需要，凸轮机构可以任意拟定从动件的运动规律。（　　）
(9) 凸轮机构的压力角越小，则其动力特性越差，自锁可能性越大。（　　）
(10) 等速运动规律中存在柔性冲击。（　　）
(11) 凸轮的基圆半径越大，压力角越大。（　　）
(12) 常见的平底直动从动件盘形凸轮的压力角是0°。（　　）
(13) 凸轮回程的最大压力角可以取得更大些。（　　）
(14) 凸轮机构可通过选择适当凸轮类型，使从动件得到预定要求的各种运动规律。（　　）
(15) 压力角的大小影响从动件的运动规律。（　　）

3. 做一做

设计一偏置移动尖顶盘形凸轮机构。已知凸轮以等角速度 ω 顺时针方向转动，凸轮转动中心 O 偏于从动件中心线右方20 mm处，基圆半径 $r_0=50$ mm，当凸轮转过 $\phi=120°$ 时，从动件以等加速等减速运动上升30 mm；再转过 $\phi'=150°$ 时，从动件以余弦加速度运动回到原位；凸轮转过其余 $\phi'_s=90°$ 时，从动件停留不动。试用图解法绘出此凸轮轮廓曲线。

任务2.3　螺旋传动机构设计

一、学习导引

螺旋传动是利用由螺杆和螺母组成的螺旋副来实现传动要求的，它主要用于将回转运动转变为直线运动，同时传递运动和动力。学习螺旋传动设计要先认知螺旋传动的类型，判断螺旋传动的方向以及能对螺旋传动机构距离进行计算。建议3~5人组成学习小组，充分利用网络教学资源，完成下面的学习任务。

想一想

举例说明生活、生产中有哪些螺旋传动。思考如何进行螺旋传动的设计呢？

_____

_____

应知应会

螺旋传动按其用途可分为三种类型：

(1) 传力螺旋。以传递动力为主，要求以较小的转矩产生较大的轴向力。这种螺旋传动一般为间歇性工作，工作速度不高，且要求具有自锁性，广泛应用于各种起重或加压装置中。

(2) 传动螺旋。以传递运动为主，要求具有较高的传动精度，有时也承受较大的轴向力。一般需在较长的时间内连续工作，且工作速度较高，如机床刀架进给机构中的螺旋机构等。

(3) 调整螺旋。用以调整并固定零件或部件之间的相对位置，采用差动螺旋传动。调整螺旋不经常转动。

螺旋传动按其螺旋副的摩擦性质不同可分为滑动螺旋、滚动螺旋和静压螺旋。滑动螺旋结构简单，便于制造，易于自锁，但其摩擦阻力大，传动效率低，磨损大，传动精度低。滚动螺旋和静压螺旋的摩擦阻力小，传动效率高，但结构复杂，一般在高精度、高效率的重要传动中应用。

网站浏览

1. 螺旋传动按用途分为哪几类？
_____
2. 滚动螺旋传动有何特点？
_____
3. 螺旋传动中，如何确定螺母（或螺杆）的移动方向？写出你的自学体会。
_____
4. 查找资料，说说你对螺旋传动有哪些认识。
_____
_____

知识积累

螺旋传动运动方向的判定：螺旋传动时，从动件做直线运动的方向（移动方向）不仅与螺纹的回转方向有关，还与螺纹的旋向有关。正确判定螺杆或螺母的移动方向十分重要。判定方法如下：

右旋螺纹用右手，左旋螺纹用左手。手握空拳，四指指向与螺杆（或螺母）回转方向相同，大拇指竖直。有两种情况：

（1）若螺杆（或螺母）回转并移动，螺母（或螺杆）不动，则大拇指指向即为螺杆（或螺母）的移动方向。如图2-3-1（a）所示。

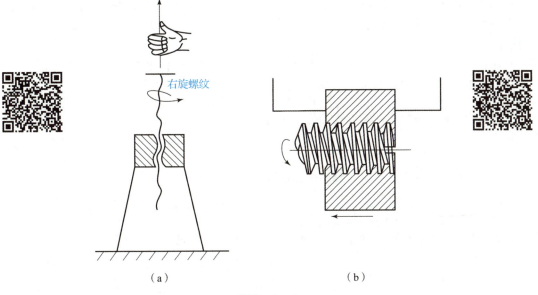

图2-3-1

（2）若螺杆（或螺母）回转，螺母（或螺杆）移动，则大拇指指向的相反方向即为螺母（或螺杆）的移动方向。

图2-3-1（b）所示为卧式车床床鞍的丝杠螺母传动机构。丝杠为右旋螺杆，当丝杠按图

2-3-1（b）所示方向回转时，开合螺母带动床鞍向左移动。

团队学习

1. 请同学们讨论螺旋传动的实际应用情况。

2. 请同学们举例说明滑动螺旋传动的结构及其优缺点。

3. 请上网查阅滑动螺旋传动的设计计算方法。

想一想

你了解滑动螺旋传动的相关参数吗？

多学一手

在螺杆和螺母之间设有封闭循环的滚道，滚道间充以钢珠，这样就使螺旋面的摩擦成为滚动摩擦，从而减少摩擦，提高传动效率，这种螺旋称为滚动螺旋或滚珠丝杠副。滚动螺旋按滚道回路形式的不同，分为外循环和内循环两种。钢珠在回路过程中离开螺旋表面的称为外循环，钢珠在整个循环过程中始终不脱离螺旋表面的称为内循环。内循环螺母上开有侧孔，孔内镶有反向器将相邻两螺纹滚道连通起来，钢珠越过螺纹顶部进入相邻滚道，形成一个循环回路。因此，一个循环回路里只有一圈钢珠和一个反向器。一个螺母常设置2~4个回路。外循环螺母只需前后各设一个反向器即可，但为了缩短回路滚道的长度也可在一个螺母中分为两个或三个回路。

集思广益

（1）小组长组织本项目的学习与考核，相互交流学习心得，写出问题答案。
（2）用书面的形式提交考核结果，小组集体预习下一学习任务。

1. 同学们讨论，分别说明螺旋机构的应用实例。

2. 结合平口虎钳的实物来进行螺旋传动机构方向的判定。

3. 结合CA6140中螺旋传动的应用实例，试分析其运动状态。

知识积累

滚动螺旋的主要优点如下：
（1）摩擦损失小，效率在90%以上；

（2）磨损很小，还可用调整方法消除间隙并产生一定的预变形来增加刚度，因此其传动精度很高；

（3）不具有自锁性，可以变直线运动为旋转运动，其效率可达到80%以上。

滚动螺旋的缺点如下：

（1）结构复杂，制造困难；

（2）有些机构中为防止逆转，需另加自锁机构。

由于明显的优点，滚动螺旋在汽车和拖拉机的转向机构中得到应用。此外在要求高效率和高精度的传动机构中也广泛应用，例如飞机机翼和起落架的控制、水闸的升降和数控机床等。

做一做

已知：某学徒工小赵使用CA6140车床车削一外圆表面，需要横向进刀1 mm，在师父的指导下，小赵顺时针转动中滑板手轮1/5 r，设计该车床中滑板丝杠的旋向和导程。

二、难点与重点点拨

本次学习任务的目标是了解螺旋机构组成及其运动特点；熟悉螺旋传动机构方向的判定；了解螺旋机构材料的选择；掌握螺旋机构设计的方法及步骤。

学习重点：
- 螺旋机构组成及其运动特点；
- 螺旋传动机构方向的判定；
- 螺旋机构材料的选择；
- 螺旋机构设计的方法及步骤。

学习难点：
- 螺旋机构设计的方法及步骤。

三、任务部署

阅读主体教材、自主学习手册等相关知识，按照表2-3-1要求完成学习任务。

表2-3-1 任务单 螺旋传动设计计算

任务名称	车床螺旋传动设计计算	学时		班级	
学生姓名		学生学号		任务成绩	
实训设备		实训场地		日期	
任务目的	学会设计计算螺旋传动的运动距离				
任务说明	一、任务要求 掌握螺旋传动的类型，判定螺旋传动的方向，计算螺旋传动的运动距离。 二、任务实施条件 1. 计算器、机械设计手册等绘图工具。 2. 图纸1张（根据所选比例及表达方案选用合适的图幅），CA6140车床三维模型				
任务内容	车床螺旋传动的设计计算				
任务实施	一、判定螺旋传动的方向				

续表

任务名称	车床螺旋传动设计计算	学时		班级	
学生姓名		学生学号		任务成绩	
实训设备		实训场地		日期	
任务实施	二、螺旋传动运动距离的计算 三、滑动螺旋结构的选择 四、滑动螺旋材料的选择				
谈谈本次课的收获，写出学习体会，给任课教师提出建议					

四、任务考核

任务考核见表2-3-2。

表2-3-2 任务2.3考核表

任务名称：螺旋传动设计　　　　　　　　　　　　　专业_____20____级___班
第_____小组　　　　　　　　　　　　　　　　　　姓名_____学号_____

	考核项目	分值/分	自评	备注
信息收集	信息收集方法	10		从主体教材、网站等多种途径获取知识，并掌握关键词学习法
	信息收集情况	10		基本掌握主体教材相关知识
	团队合作	10		团队合作能力强
任务实施	任务总述	10		每答错一问题扣除2分
	说出螺旋传动的类型	15		每答错一问题扣除3分
	说出螺旋传动的主要参数计算方法	40		思路不清晰扣除5分
文明生产	保持环境整洁，养成良好的工作习惯，注意环保	5		不合规范扣除5分
小计		100		
其他考核				

续表

考核人员	分值/分	评分	存在问题	解决办法
（指导）教师评价	100			
小组互评	100			
自评成绩	100			
总评	100		总评成绩＝指导教师评价×35％＋小组评价×25％＋自评成绩×40％	

越修越好

职业素养提升内容第二部分是员工职业素养的工作道德：
（1）以诚信的精神对待职业；
（2）廉洁自律，秉公办事；
（3）严格遵守职业规范和公司制度；
（4）决不泄露公司机密；
（5）全力维护公司品牌；
（6）克服自私心理，树立节约意识；
（7）培养职业美德，缔造人格魅力。

五、任务拓展

（1）如图 2-3-2 所示，试分析单级齿轮减速器中螺栓连接的应用情况。

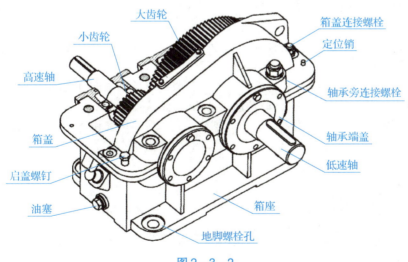

图 2-3-2

（2）根据《机械制图》中的知识，自主学习螺栓连接的设计、选用方法。

六、技能鉴定辅导

通过本任务的学习与训练，学生应该达到以下职业能力目标：

能力目标

◆ 具有良好的职业道德和职业素质；
◆ 具有查阅、检查资料的能力。

自 我 提 高

1. 填空题

（1）常用螺纹的牙型有_____、_____、梯形和锯齿形等，其中_____螺纹主要用于连接，其余则多用于传动。

（2）非矩形螺纹的自锁条件是：_____。

（3）普通螺纹的公称直径是指_____；管螺纹的公称直径是指螺纹的_____，分为_____和_____两类。

（4）普通螺纹的完整标记由_____、_____和_____所组成。

（5）螺纹连接有_____、_____、_____和紧定螺钉连接四种基本类型。

（6）螺纹连接的拧紧力矩包括_____和_____两项。

（7）对重要的、有强度要求的螺栓连接，如无控制拧紧力矩的措施，则不宜采用小于_____的螺栓。

（8）防松的根本问题是_____。

（9）螺纹连接的防松有_____防松、_____防松和永久性防松。

（10）普通螺栓连接，其螺栓直径一般都_____被连接件上的孔径，而铰制孔螺栓连接，其螺栓直径都_____被连接件的孔径。

（11）在有冲击负荷作用或振动场合，螺纹连接应采用_____装置。

（12）螺栓的主要失效形式有：(1)_____；(2)_____；(3)经常装拆时会因磨损而发生_____现象。

（13）一般条件下螺纹连接件的常用材料为_____钢和_____钢；受冲击、振动和变载荷作用的螺纹连接件可采用_____钢。

（14）螺旋传动是利用由_____和_____组成的螺旋副来实现传动要求的，它主要用于将回转运动转变为_____运动，同时传递运动和动力的场合。

（15）螺旋传动按其用途可分为_____螺旋、_____螺旋和_____螺旋三种类型。

（16）螺纹连接在承受轴向载荷时，其损坏形式大多发生在应力集中较严重的部位，即螺栓_____、螺纹_____和螺母_____面处。

2. 选择填空

（1）螺栓连接是一种_____。

A. 可拆连接
B. 具有防松装置的为不可拆连接，否则为可拆连接
C. 不可拆零件
D. 具有自锁性能的为不可拆连接，否则为可拆连接

（2）_____不能作为螺栓连接的优点。

A. 装拆方便
B. 连接可靠
C. 在变载荷下也具有很高的疲劳强度
D. 多数零件已标准化，生产率高，成本低廉

（3）螺纹公差带的位置由_____确定。
A. 上偏差　　　　　B. 下偏差　　　　　C. 基本偏差　　　　D. 极限偏差
（4）螺纹旋合长度分三组，相应的代号为_____。
A. S、U、N　　　　B. S、N、L　　　　C. N、L、G　　　　D. S、G、L
（5）串联钢丝防松装置适用于_____。
A. 较平稳场合　　　　　　　　　　　B. 不经常装拆的场合
C. 变载振动处　　　　　　　　　　　D. 紧凑的成组螺纹连接
（6）弹簧垫圈防松装置一般用于_____场合。
A. 较平稳　　　　　　　　　　　　　B. 不经常拆装
C. 变载振动　　　　　　　　　　　　D. 紧凑的成组螺纹连接
（7）锁紧螺母防松装置一般用于_____场合。
A. 低速重载　　　　　　　　　　　　B. 不经常拆装
C. 变载振动　　　　　　　　　　　　D. 紧凑成组螺纹连接
（8）螺纹按用途可分为_____螺纹两大类。
A. 左旋和右旋　　　B. 外和内　　　　　C. 连接和传动　　　D. 三角形和梯形
（9）标准管螺纹的牙型角为_____。
A. 60°　　　　　　　B. 55°　　　　　　C. 33°　　　　　　D. 30°
（10）单线螺纹的直径为：大径 $d = 20$ mm，中径 $d_2 = 18.37$ mm，小径 $d_1 = 17.294$ mm，螺距 $P = 2.5$ mm，则螺纹的升角 Ψ 为_____。
A. 4.55°　　　　　　B. 4.95°　　　　　C. 5.2°　　　　　　D. 2.48°
（11）_____螺纹用于连接。
A. 三角形　　　　　B. 梯形　　　　　　C. 矩形　　　　　　D. 锯齿形
（12）用于连接的螺纹牙型为三角形，这是因为其_____。
A. 螺纹强度高
B. 传动效率高
C. 螺纹副的摩擦属于楔面摩擦，摩擦力大，自锁性好
D. 防振性能好
（13）相同公称尺寸的三角形细牙螺纹和粗牙螺纹相比，因细牙螺纹的螺距小、内径大，故细牙螺纹_____。
A. 自锁性好，强度低　　　　　　　　C. 自锁性好，强度高
B. 自锁性差，强度高　　　　　　　　D. 自锁性差，强度低
（14）在用于传动的几种螺纹中，矩形螺纹的优点是_____。
A. 不会自锁　　　　B. 制造方便　　　　C. 传动效率高　　　D. 强度较高
（15）梯形螺纹和其他几种用于传动的螺纹相比较，其优点是_____。
A. 传动效率较其他螺纹高　　　　　　B. 获得自锁的可能性大
C. 较易精确制造　　　　　　　　　　D. 螺旋副对中好，牙根强度高
（16）当被连接件之一很厚，连接常需拆装时，则采用_____连接。
A. 双头螺柱　　　　B. 螺钉　　　　　　C. 紧定螺钉　　　　D. 螺栓
（17）当两个被连接件不太厚，不宜制成通孔，且连接不需要经常拆装时，往往采用_____。
A. 螺栓连接　　　　B. 螺钉连接　　　　C. 双头螺柱连接　　D. 紧定螺钉连接
（18）普通螺纹连接的强度计算，主要是计算_____。

A. 螺杆在螺纹部分的拉伸强度   B. 螺纹根部的弯曲强度
B. 螺纹工作表面的挤压强度   C. 螺纹的剪切强度

（19）普通螺栓连接中的松连接和紧连接之间的主要区别是：松连接的螺纹部分不承受_____。

A. 拉伸作用   B. 扭转作用   C. 剪切作用   D. 弯曲作用

（20）受横向载荷的铰制孔螺栓所受的载荷是_____。

A. 工作载荷   B. 预紧力
C. 工作载荷 + 预紧力   D. 工作载荷 + 螺纹力矩

（21）为了改善螺纹牙上的载荷分布，通常_____的方法来实现。

A. 采用双螺母   B. 采用加高螺母
C. 采用减薄螺母   D. 采用减少螺栓和螺母的刚度变化差

（22）螺纹副中一个零件相对于另一个零件转过 1 r 时，则它们沿轴线方向相对移动的距离是_____。

A. 线数 × 螺距   B. 一个螺距   C. 线数 × 导程   D. 导程/线数

3. 判断题

（1）螺纹轴线铅垂放置，若螺旋线左高右低，则可判断为右旋螺纹。 （　　）
（2）细牙螺纹 M20×2 与 M20×1 相比，后者中径较大。 （　　）
（3）直径与螺距都相等的单头螺纹和双头螺纹相比，前者较易松脱。 （　　）
（4）拆卸双头螺柱连接，不必卸下外螺纹件。 （　　）
（5）螺纹连接属于机械静连接。 （　　）
（6）螺旋传动中，螺杆一定是主动件。 （　　）
（7）弹簧垫圈和对顶螺母都属于机械防松。 （　　）
（8）双头螺柱在装配时，要把螺纹较长的一端旋紧在被连接件的螺孔内。 （　　）
（9）机床上的丝杠及螺旋千斤顶等的螺纹都是矩形的。 （　　）
（10）滚动螺旋传动与滑动螺旋传动一样都具有自锁性。 （　　）
（11）用冲点法防松时，螺栓与螺母接触边缘的螺纹被冲变形，这种连接属于不可拆连接。 （　　）
（12）螺栓与螺母的旋合圈数越多，同时受载的螺纹圈数就越多，这可提高螺纹的承载能力，故如果结构允许，螺母的厚度越大越好。 （　　）
（13）在机械制造中广泛采用的是左旋螺纹。 （　　）
（14）普通细牙螺纹的螺距和升角均小于粗牙螺纹，较适用于精密传动。 （　　）

4. 名词和符号解释

（1）螺距。

（2）导程。

（3）牙型角。

（4）M24×2—6H。

（5）M30×1.5—5g6g。

（6）Tr52×16(P8)—7H/7e。

（7）Rc1/4。

（8）G3/4。

5. 想一想

（1）螺纹的主要参数有哪些？

（2）螺距和导程有什么区别？

（3）提高螺栓连接强度的措施有哪些？

（4）滚动螺旋传动有哪些特点？

项目三 传动机构设计

传动机构属于一部机器的传动系统部分,作用是把动力系统的运动和力传递给执行系统。如图 3-1 所示成形机中的带传动、齿轮传动都是将电动机输出的运动和力传递给曲柄冲压滑块机构。

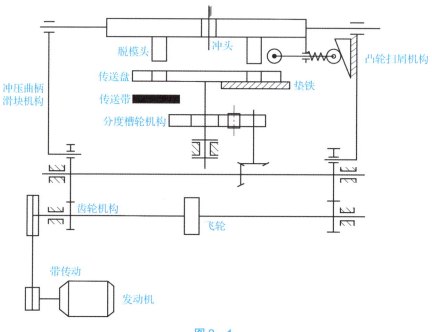

图 3-1

任务 3.1 带传动设计

一、学习导引

学习"机械设计基础"传动机构设计部分,首先应学会带传动、链传动、齿轮传动和蜗杆传动等最常见的机械传动机构的传动特点、主要参数和传动中的受力情况,并在此基础上学习传动机构的设计步骤和设计方法。建议 3~5 人组成学习小组,充分利用网络教学资源,完成下面的学习任务。

想一想

在带式输送机装配图中,带传动所起的作用是什么?

应知应会

带传动一般由主动轮、从动轮、紧套在两轮上的传动带及机架组成。当原动件驱动带轮转动时,由于带与带轮间摩擦力的作用,使从动轮一起转动,从而实现运动和动力的传递。

网站浏览

1. 带传动的主要类型有哪些?各有何特点?试分析摩擦带传动的工作原理。
___
___

2. 带传动的主要形式有哪些?带传动有何特点?
___
___

3. 普通 V 带的型号有哪些?什么叫 V 带的基准长度?写出你的自学体会。
___
___

4. 什么是有效拉力?什么是初拉力?它们之间有何关系?
___
___

安全提示

(1) 带传动装置外面应加防护罩,以保证安全,防止带与酸、碱或油接触而腐蚀传动带。
(2) 带传动不需要润滑,禁止往带上加润滑油或润滑脂,应及时清理轮槽内及传动带上的油污。
(3) 应定期检查胶带,如有一根松弛或损坏,则应全部更换新带。
(4) 带传动的工作温度不应超过 60℃。

5. 查找资料,说说你对带传动在实际工作中应用的认识。
___
___

知识积累

(1) 带传动的受力分析:$F = 2F_0 \dfrac{e^{f\alpha} - 1}{e^{f\alpha} + 1}$,讨论该公式中的参数。
(2) 带传动的应力分析:分析最大应力位置。

资源浏览

1. 带传动的类型有哪些?请同学们举例说明。
___
___

项目三 传动机构设计

2. 带传动的传动形式有哪些？请同学们举例说明。
_____
_____

3. 简述带传动在不工作和工作时的受力分析。
_____
_____
_____

4. 如图 3-1-1 所示，分析带传动的打滑现象。
_____
_____
_____

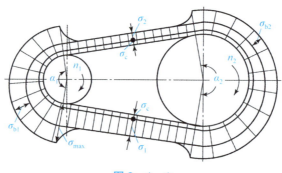

图 3-1-1

5. 如图 3-1-2 所示，分析带传动的弹性滑动对传动比的影响。
_____
_____
_____

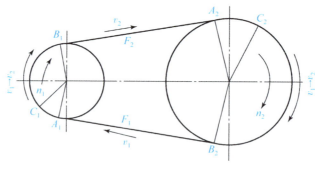

图 3-1-2

6. 分析带传动弹性滑动产生的原因，并比较弹性滑动和打滑的区别。
_____
_____

想一想

你可以设计带传动吗？

多学一手

带传动设计相关问题思考：型号选择、带速、包角、根数、中心距、带的基准的确定、带运动受力分析等。

集思广益

（1）小组长组织本项目的学习与考核，相互交流学习心得，写出问题答案。
（2）用书面的形式提交考核结果，小组集体预习下一学习任务。

1. 如何测量和计算带传动的张紧力？
___
___

2. 带传动机构的安装和张紧力的调节方法有哪些？
___
___

3. 带轮设计需要考虑的问题有哪些？
___
___
___

知识积累

带传动的张紧、安装与维护

带传动工作一段时间后就会由于塑性变形而松弛，使初拉力减小、传动能力下降，这时必须重新张紧。常用的张紧方式可分为调整中心距与张紧轮方式两类。

（1）调整中心距方式，又可分为以下两类：

①定期张紧，定期调整中心距以恢复张紧力。常见的有滑道式和摆架式两种，一般通过调节螺钉调节中心距。滑道式适用于水平传动或倾斜不大的场合。

②自动张紧，自动张紧将装有带轮的电动机安装在浮动的摆架上，利用电动机的自重张紧传动带，通过载荷的大小自动调节张紧力。

（2）张紧轮方式，若带传动的轴间距不可调整，则可采用张紧轮装置。张紧轮一般设置在松边的内侧且靠近大带轮处。若设置在外侧，则应使其靠近小带轮，这样可以增加小带轮的包角，提高带的疲劳强度。

做一做

如图 3-1-3 所示，设计某鼓风机用普通 V 带传动。原动机为 Y 系列三相异步电动机，额定功率 $P = 70$ kW，转速 $n_1 = 730$ r/min，鼓风机转速 $n_2 = 500$ r/min。该机启动载荷较小，工作平稳，载荷变动小，每天工作 16 h。

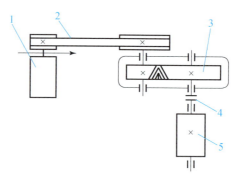

图 3–1–3
1—电动机；2—带传动；3—减速器；4—联轴器；5—滚筒

二、难点与重点点拨

本次学习任务的目标是分析带传动的运动特性及带传动的失效形式和设计准则。掌握带传动主要参数的选择及带传动的设计方法和步骤。

学习重点：
- 了解带传动的作用及类型；
- 分析带传动的运动特性；
- 分析带传动的失效形式和设计准则；
- 掌握带传动主要参数的选择；
- 掌握带传动的设计方法和步骤。

学习难点：
- 掌握带传动主要参数的选择；
- 掌握带传动的设计方法和步骤。

三、任务部署

阅读主体教材、自主学习手册等相关知识，按照表 3–1–1 要求完成学习任务。

表 3–1–1　任务单　带传动设计

任务名称	带传动设计	学时		班级	
学生姓名		学生学号		任务成绩	
实训设备		实训场地		日期	
任务目的	学会带传动的设计					
任务说明	一、任务要求 　　设计带式输送机中普通 V 带传动。电动机为 Y 系列三相异步电动机，额定功率 $P = 70$ kW，转速 $n_1 = 730$ r/min，鼓风机转速 $n_2 = 500$ r/min。该机启动载荷较小，工作平稳，载荷变动小，每天工作 16 h。 二、任务实施条件 1. 计算器、机械设计手册等。 2. 带式输送机动态演示，图片和三维模型				

续表

任务名称	带传动设计	学时		班级	
学生姓名		学生学号		任务成绩	
实训设备		实训场地		日期	
任务内容		带传动的设计			
任务实施步骤	参阅主体教材、自主学习手册相关知识，按下列步骤进行设计。 一、带传动的失效形式和设计准则 二、确定计算功率 P_c 三、选择 V 带的型号 四、确定带轮基准直径 d_{d1}、d_{d2} 五、验算带速 v 六、初定中心距 a 和基准带长 L_d 七、验算包角 α_1 八、确定 V 带的根数 九、确定单根 V 带的初拉力 F_0 十、带传动作用在带轮轴上的压力 F_Q 十一、带轮的结构设计				
谈谈本次课的收获，写出学习体会，给任课教师提出建议					

项目三 传动机构设计

四、任务考核

任务考核表见3-1-2。

表3-1-2　3.1考核表

任务名称：带传动设计　　　　　　　　　　　　　　专业＿＿＿＿20＿＿＿级＿＿＿班
第＿＿＿＿小组　　　　　　　　　　　　　　　　　　姓名＿＿＿＿学号＿＿＿＿

考核项目		分值/分	自评	备注
信息收集	信息收集方法	10		从主体教材、网站等多种途径获取知识，并掌握关键词学习法
	信息收集情况	10		基本掌握主体教材相关知识
	团队合作	10		团队合作能力强
任务实施	设计准备	10		每答错一题扣除2分
	分析带轮的结构尺寸和技术要求	15		每答错一题扣除3分
	分析带传动的设计步骤	40		思路不清晰扣除5分
安全与环保	1. 注意材料的选择； 2. 参数选择的科学合理	5		发生不合理扣除5分
小计		100		
其他考核				

考核人员	分值/分	评分	存在问题	解决办法
（指导）教师评价	100			
小组互评	100			
自评成绩	100			
总评	100		总评成绩＝指导教师评价×35%＋小组评价×25%＋自评成绩×40%	

越修越好

职业素养提升内容第二部分是员工职业素养的工作道德：
（1）以诚信的精神对待职业；
（2）廉洁自律，秉公办事；
（3）严格遵守职业规范和公司制度；
（4）决不泄露公司机密；
（5）永远忠诚于你的公司；
（6）公司利益高于一切；
（7）全力维护公司品牌；
（8）克服自私心理，树立节约意识；
（9）培养职业美德，缔造人格魅力。

五、任务拓展

如图 3-1-3 所示，设计某鼓风机用普通 V 带传动。原动机为 Y 系列三相异步电动机，额定功率 $P=70$ kW，转速 $n_1=730$ r/min，鼓风机转速 $n_2=500$ r/min。该机启动载荷较小，工作平稳，载荷变动小，每天工作 16 h。

按下列步骤进行设计：
（1）确定计算功率；
（2）选取普通 V 带型号；
（3）确定带轮基准直径 d_{d1}、d_{d2}；
（4）验算带速 v；
（5）确定带的基准长度 L_d 和实际中心距 a；
（6）校验小带轮包角；
（7）计算 V 带的根数 z；
（8）求初拉力 F_0 及带轮轴上的压力 F_Q；
（9）带轮的结构设计。

六、技能鉴定辅导

通过本任务的学习与训练，学生应该达到以下职业能力目标。

能力目标

◆ 具有企业需要的基本职业道德和素质；
◆ 能够通过听课、查阅资料、检索及其他渠道收集资料和信息；
◆ 具有主动学习的能力、心态和行动；
◆ 掌握带传动安装、维护和调试的方法；
◆ 掌握带传动受力计算的方法。

自 我 提 高

1. 填空题

（1）带传动一般由_____、_____、紧套在两轮上的_____及机架组成。
（2）根据传动原理的不同，带传动分为_____带传动和_____带传动两大类。
（3）带传动的主要形式有_____传动、_____传动和_____传动。
（4）V 带结构主要有_____结构和_____结构两种，其分别由_____、_____、_____和_____四部分组成。
（5）V 带的截面形状是_____，工作面是_____，夹角 θ 等于_____。
（6）带传动和链传动较适合于中心距_____的场合。
（7）当机器过载时，带传动发生_____现象，这起到了过载安全装置的作用。
（8）普通 V 带的尺寸已标准化，按截面尺寸由小到大的顺序分为_____七种型号。其中_____型截面积最大，承载能力最大。
（9）普通 V 带和窄 V 带的标记由_____、_____和_____组成。
（10）V 带轮按腹板（轮辐）结构的不同分为以下几种形式：_____带轮；_____带轮；_____带轮。
（11）从结构上看，带轮由_____、轮辐和_____三部分组成。

（12）影响带传动有效圆周力的因素有_____、_____和_____。
（13）带传动_____保证固定不变的传动比，这是因为带传动存在_____。
（14）带传动的主要失效形式为_____和_____两种。
（15）带工作时任意截面上的应力是随位置不同而变化的，最大应力点发生在_____处。
（16）带传动的设计准则是：在传递规定功率时_____，同时具有足够的_____和一定的使用寿命。
（17）带速太高会使_____增大，使带与带轮之间的_____减小，传动中容易打滑。
（18）当包角小于允许值时，可以通过_____的措施，以增加小带轮的包角。
（19）带传动常用的张紧方式可分为_____与使用_____两类。

2. 选择填空

（1）带传动主要是依靠_____来传递运动和功率的。
  A. 带和两轮之间的正压力　　　　　　B. 带和两轮接触面之间的摩擦力
  C. 带的紧边拉力　　　　　　　　　　D. 带的初拉力
（2）与齿轮传动和链传动相比，带传动的主要优点是_____。
  A. 工作平稳，无噪声　　　　　　　　B. 传动的重量轻
  C. 摩擦损失小，效率高　　　　　　　D. 寿命较长
（3）带传动的传动能力与_____的包角有关。
  A. 小带轮　　　　B. 大带轮　　　　C. 张紧轮　　　　D. 大小带轮
（4）在相同的条件下，普通 V 带横截面尺寸_____，其传递的功率也_____。
  A. 越小　越大　　B. 越大　越小　　C. 越大　越大　　D. 越小　越小
（5）若带速超过允许值，则带传动能力_____。
  A. 增大　　　　　B. 减小　　　　　C. 不变　　　　　D. 不确定
（6）普通 V 带的楔角 α 为_____。
  A. 36°　　　　　　B. 38°　　　　　　C. 40°　　　　　　D. 34°
（7）在 V 带传动中，张紧轮应置于_____内侧且靠近_____处。
  A. 松边　小带轮　　　　　　　　　　B. 紧边　大带轮
  C. 松边　大带轮　　　　　　　　　　D. 紧边　小带轮
（8）_____是带传动的特点之一。
  A. 传动比准确　　　　　　　　　　　B. 在过载时会产生打滑现象
  C. 应用在大功率传动　　　　　　　　D. 有冲击载荷
（9）V 带型号选用的依据是_____。
  A. 传递的额定功率并考虑工作情况　　B. 带速和小轮直径
  C. 额定功率和带速　　　　　　　　　D. 计算功率和主动轮转速
（10）一组 V 带中，有一根不能使用了，应_____。
  A. 将不能用的更换掉　　　　　　　　B. 更换掉快要不能用的
  C. 全组更换　　　　　　　　　　　　D. 继续使用
（11）_____传动具有传动比准确的特点。
  A. 普通 V 带　　　B. 窄 V 带　　　　C. 同步带　　　　D. 宽 V 带
（12）对带的疲劳强度影响较大的应力是_____。
  A. 弯曲应力　　　B. 紧边应力　　　C. 松边应力　　　D. 离心应力
（13）带在传动时产生弹性滑动是由于_____。
  A. 带是弹性体　　　　　　　　　　　B. 带的松边和紧边拉力不等

C. 带绕过带轮时有离心力　　　　　　　D. 带和带轮间摩擦力不够

（14）V带轮的最小直径 d_{min} 取决于_____。
A. 带的型号　　　B. 带的速度　　　C. 主动轮转速　　　D. 带轮结构尺寸

（15）V带传动设计中，限制小带轮的最小直径主要是为了_____。
A. 使结构紧凑　　　　　　　　　　　B. 限制弯曲应力
C. 保证带和带轮接触面间有足够摩擦力　D. 限制小带轮上的包角

（16）带传动采用张紧轮的目的是_____。
A. 减轻带的弹性滑动　　　　　　　　B. 提高带的寿命
C. 改变带的运动方向　　　　　　　　D. 调节带的初拉力

（17）在V带传动中，带截面楔角为40°，则带轮的轮槽角应_____40°。
A. 大于　　　　　B. 等于　　　　　C. 小于　　　　　D. 大于等于

3. 判断题

（1）限制V带传动最小直径的主要目的是增大带轮包角。（　　）
（2）V带传动不能保证准确的传动比。（　　）
（3）V带型号的确定，是根据计算功率和主动轮的转速来选定的。（　　）
（4）V带既可用于开口传动，又可用于交叉传动或半交叉传动。（　　）
（5）带传动的传动比越大，其包角就越大。（　　）
（6）带传动中，当机器过载时，带与带轮之间发生打滑现象，这起到了过载安全装置的作用。（　　）
（7）如果能防止打滑现象，带传动可保证准确的传动比。（　　）
（8）由于带传动具有弹性滑动，故主动带轮的圆周速度要大于从动带轮的圆周速度。（　　）
（9）普通V带的传动比 i 一般都应大于7。（　　）
（10）为了延长传动带的使用寿命，通常应尽可能地将小带轮的基准直径选得大一些。（　　）
（11）安装V带时，张紧程度越紧越好。（　　）
（12）在计算机、数控机床等设备中，通常采用同步带传动。（　　）
（13）当传动比 $i \neq 1$ 时，主动轮上的包角一定小于从动轮上的包角。（　　）
（14）在V带传动中，带速 v 过大或过小都不利于带的传动。（　　）
（15）V带传动一般要求大包角 $\alpha \leq 120°$。（　　）
（16）带传动中，如果包角偏小，则可考虑增加大带轮的直径来增大包角。（　　）
（17）V带轮的材料选用，与带轮传动的圆周速度无关。（　　）
（18）V带传动的基准直径为带轮外径。（　　）
（19）V带轮的结构形式主要取决于带轮的材料。（　　）
（20）当带传动为水平放置时，松边应为下边。（　　）
（21）为了制造与测量方便，V带以内周长度作为基准长度。（　　）

4. 名词及符号解释

（1）包角。

（2）V带基准长度。

（3）V带轮的基准直径。

（4）普通V带的标记：B2500 GB/T 11544—2012。

任务 3.2　链传动设计

一、学习导引

链传动的设计与任务 3.1 带传动的设计有异曲同工之处，设计方法和步骤非常相似，只是链传动属于啮合传动，带传动属于摩擦传动。我们主要从链传动的特点、主要参数和传动中的受力情况等方面着手，在此基础上学习链传动机构的设计步骤和设计方法。建议 3~5 人组成学习小组，充分利用网络教学资源完成下面的学习任务，对将来的工作有一定的辅助作用。

想一想

链传动设计遵守的原则是什么？

应知应会

链传动是由装在平行轴上的主、从动链轮和绕在链轮上的环形链条所组成。以链作中间挠性件，靠链与链轮轮齿的啮合来传递运动和动力。与带传动相比，链传动无弹性滑动和打滑现象，能保持准确的平均传动比；链传动不需要很大的初拉力，故对轴的压力小；它可以像带传动那样实现中心距较大的传动，而比齿轮传动轻便的多，但不能保持恒定的瞬时传动比；传动中有一定的动载荷和冲击，传动平稳性差；工作时有噪声，适用于低速传动。

网站浏览

1. 查找资料，说说你对链传动在实际工作中应用的认识。
   _____
   _____

2. 按用途不同链传动可分为哪几种形式？滚子链的结构是怎样的？
   _____
   _____

3. 影响链传动速度不均匀性的主要参数是什么？为什么？
   _____
   _____

4. 链节距 p 的大小对链传动的动载荷有何影响？
   _____
   _____

安全提示

链传动的布置对传动的工作状况和使用寿命有较大影响。通常情况下链传动的两轴线应平行布置，两链轮的回转平面应在同一平面内，否则易引起脱链和不正常磨损。链条应使主动边（紧边）在上、从动边（松边）在下，以免松边垂度过大时链与轮齿相干涉或紧、松边相碰。如果两链轮中心的链线不能布置在水平面上，则其与水平面的夹角应小于 45°。应尽量避免中心线垂直布置，以防止下链轮啮合不良。

知识积累

1. 链传动的运动分析（见图3-2-1）

链条进入链轮后形成折线，因此链传动相当于一对多边形轮之间的传动，由于多边形效应，故瞬时链速和瞬时传动比都是变化的。

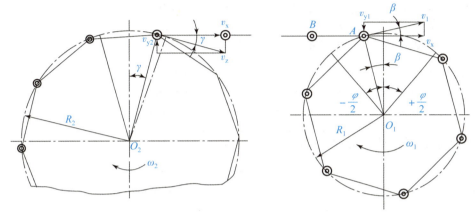

图3-2-1

链传动的受力分析安装链传动时，只需不大的张紧力，主要是使链的松边垂度不致过大，否则会产生显著振动、跳齿和脱链。若不考虑传动中的动载荷，则作用在链上的力有：圆周力（有效拉力）F、离心力F_c和悬垂拉力F_y。

做一做

试着计算一下，主体教材项目三任务3.2链传动设计案例中传动受力大小，并分析松边受力和紧边受力对安装链传动的影响。

资源浏览

1. 链传动的合理布置有哪些要求？

_____
_____

2. 链传动为何要适当张紧？常用的张紧方法有哪些？

_____
_____

3. 如何确定链传动的润滑方式？常用的润滑装置和润滑油有哪些？

_____
_____

多学一手

链传动的设计计算一般包括：确定滚子链的型号、链节距、链节数，选择链轮的齿数、材料、结构，绘制链轮工作图并确定传动的中心距。

集思广益

（1）小组长组织本项目的学习与考核，相互交流学习心得，写出问题答案。
（2）用书面的形式提交考核结果，小组集体预习下一学习任务。

1. 如何测量和计算链传动的张紧力？
   _____
   _____
   _____

2. 链传动机构的安装和张紧力的调节方法有哪些？
   _____
   _____
   _____
   _____

3. 链轮设计需要考虑的问题有哪些？
   _____
   _____
   _____
   _____

做一做

试设计一链式输送机的滚子链传动。已知传递功率 $P = 10$ kW，$n_1 = 950$ r/min，$n_2 = 250$ r/min，电动机驱动，载荷平稳，单班工作。

二、难点与重点点拨

本次学习任务的目标是了解链传动的作用及类型；分析链传动的运动特性；分析链传动的失效形式和设计准则；掌握链传动主要参数的选择；掌握链传动的设计方法和步骤。

学习重点：
- 了解链传动的作用及类型；
- 分析链传动的运动特性；
- 分析链传动的失效形式和设计准则；
- 掌握链传动主要参数的选择；
- 掌握链传动的设计方法和步骤。

学习难点：
- 掌握链传动主要参数的选择；
- 掌握链传动的设计方法和步骤。

三、任务部署

阅读主体教材、自主学习手册等相关知识,按照表 3-2-1 要求完成学习任务。

表 3-2-1 任务单 链传动设计

任务名称	链传动设计		学时		班级	
学生姓名			学生学号		任务成绩	
实训设备			实训场地		日期	
任务目的	学会分析链传动设计的方法和步骤					
任务说明	一、任务要求 试设计一链式输送机的滚子链传动。已知传递功率 $P = 10$ kW,$n_1 = 950$ r/min,$n_2 = 250$ r/min,电动机驱动,载荷平稳,单班工作。 二、任务实施条件 1. 计算器、机械设计手册等。 2. 带式输送机动态演示、图片和三维模型					
任务内容	设计出链传动					
任务实施	一、选择链轮齿数 z_1、z_2 二、确定链节数 三、根据额定功率曲线确定链型号及节距 p 四、验算链速 五、计算实际中心距 六、确定润滑方式 七、计算对链轮轴的压力 F' 八、链轮设计 九、设计张紧、润滑等装置					
谈谈本次课的收获,写出学习体会,给任课教师提出建议						

四、任务考核

任务考核见表3-2-2。

表3-2-2　任务一　考核表

任务名称：链传动设计　　　　　　　　　　　　　专业＿＿＿＿＿＿20＿＿＿＿级＿＿＿班
第＿＿＿＿＿＿小组　　　　　　　　　　　　　　　　姓名＿＿＿＿＿＿学号＿＿＿＿＿＿

考核项目		分值/分	自评	备注
信息收集	信息收集方法	10		从主体教材、网站等多种途径获取知识，并掌握关键词学习法。
	信息收集情况	10		基本掌握主体教材相关知识
	团队合作	10		团队合作能力强
任务实施	设计准备	10		每答错一题扣除2分
	分析链轮的结构尺寸和技术要求	15		每答错一题扣除3分
	分析链传动的设计步骤	40		思路不清晰扣除5分
安全与环保	1. 注意材料的选择； 2. 参数选择的科学合理	5		发生不合理扣除5分
小计		100		
其他考核				
考核人员	分值/分	评分	存在问题	解决办法
（指导）教师评价	100			
小组互评	100			
自评成绩	100			
总评	100		总评成绩＝指导教师评价×35%＋小组评价×25%＋自评成绩×40%	

越修越好

职业素养提升内容第三部分、员工职业素养的工作技能：

（1）制定清晰的职业目标；
（2）学以致用，把知识转化为职业能力；
（3）把复杂的工作简单化；
（4）第一次就把事情做对；
（5）加强沟通，把话说得恰到好处；
（6）重视职业中的每一个细节；
（7）多给客户一些有价值的建议；
（8）善于学习，适应变化；
（9）突破职业思维，具备创新精神。

五、任务拓展

试设计一带式输送机的滚子链传动。已知传递功率 $P = 30$ kW，转速 $n_1 = 1\ 050$ r/min，$n_2 = 250$ r/min，电动机驱动，工作载荷平稳，单班工作，中心距可以调整。

六、技能鉴定辅导

能力目标

通过本任务的学习与训练，学生应该达到以下职业能力目标：
◆ 具有企业需要的基本职业道德和素质；
◆ 能够通过听课、查阅资料、检索及其他渠道收集资料和信息；
◆ 具有主动学习的能力、心态和行动；
◆ 掌握链传动安装、调试和维护的方法。

自我提高

1. 填空题

（1）按照用途不同，链可分为_____链、_____链和_____链。
（2）链传动常用的张紧方法有调整_____、_____或设置_____轮。
（3）滚子链的组成：_____、_____、_____、_____、_____。
（4）链传动的主要失效形式有：链条铰链磨损和链条断裂_____、_____。
（5）链的长度以_____表示，一般应取为_____数。
（6）齿形链又叫_____。在链传动中，当要求传动速度高和噪声小时，宜选用_____。
（7）链传动是由_____、_____和_____组成的，通过链轮轮齿和链条的_____来传递_____和_____。
（8）一般设计链传动时的已知条件为：传动的用途和_____、原动机的类型，需要传递的_____、主动轮的转速，_____以及外廓安装尺寸等。
（9）链传动的设计计算一般包括：确定滚子链的型号、_____、链节数，选择链轮的齿数、材料、_____，绘制链轮工作图并确定传动的中心距。

2. 选择题

（1）链传动是借助链和链轮间的（　　）来传递动力和运动的。
A. 摩擦　　　　　　B. 粘接　　　　　　C. 啮合
（2）为避免使用过渡链节，设计链传动时应使链条长度为（　　）。
A. 链节数为偶数　　　　　　B. 链节数为小链轮齿数的整数倍
C. 链节数为奇数　　　　　　D. 链节数为大链轮齿的整数倍

3. 判断题

（1）链传动是依靠啮合力传动的，所以它的瞬时传动比很准确。（　　）
（2）链传动具有过载保护作用。（　　）
（3）链传动水平布置时，最好将链条的松边置于上方、紧边置于下方。（　　）
（4）在单排滚子链承载能力不够或选用的节距不能太大时，可采用小节距的双排滚子链。（　　）
（5）滚子链传动中链条的节数采用奇数最好。（　　）
（6）滚子链传动一般不宜用于两轴心连线为铅垂的场合。（　　）

(7) 链传动一般用于传动的高速级。　　　　　　　　　　　　　　　　（　　）
(8) 链传动是一种摩擦传动。　　　　　　　　　　　　　　　　　　（　　）

任务3.3　齿轮传动设计

一、学习导引

齿轮传动是一种重要的机械传动，应用非常广泛，本任务主要介绍渐开线圆柱齿轮、斜齿轮以及直齿圆锥齿轮传动的设计计算，内容包括齿轮啮合原理和齿轮强度两个方面，重点是直齿圆柱齿轮的设计计算方法。

建议3~5人组成学习小组，充分利用网络教学资源完成下面的学习任务，对你的工作和生活都有一定的辅助作用。

网站浏览

1. 什么叫渐开线？

2. 渐开线的性质有哪些？试各举一例说明渐开线性质的具体应用。

3. "四线合一"是哪四条线？

4. 何谓齿轮的分度圆？何谓节圆？二者的直径是否一定相等或一定不相等？

5. 何谓模数？模数的大小对齿轮有何影响？

6. 什么叫啮合点？什么叫啮合线？

7. 什么叫压力角？什么叫啮合角？它们之间有何区别？

资源浏览

1. 小组讨论并查阅相关资料，分析齿轮的失效形式有哪些？采取什么措施可减缓失效发生？

2. 齿轮强度设计准则是如何确定的？

3. 对齿轮材料的基本要求是什么？常用齿轮材料有哪些？如何保证对齿轮材料的基本要求？

4. 齿面接触疲劳强度与哪些参数有关？若接触强度不够，则采取什么措施来提高接触强度？

5. 齿根弯曲疲劳强度与哪些参数有关？若弯曲强度不够，则可采取什么措施来提高弯曲强度？

6. 齿形系数 Y_F 与什么参数有关？

应知应会

轮齿常见的失效形式

1. 轮齿折断

轮齿像一个悬臂梁，受载后以齿根部产生的弯曲应力为最大，而且是交变应力。当轮齿单侧受载时，应力按脉动循环变化；当轮齿双向受载时，应力按对称循环变化。轮齿受变化的弯曲应力的反复作用，齿根过渡部分存在应力集中，当应力超过材料的弯曲疲劳极限时，齿根处产生疲劳裂纹，裂纹逐渐扩展致使轮齿折断。这种折断称为疲劳折断。

当轮齿突然过载，或经严重磨损后齿厚过薄时，也会发生轮齿折断，称为过载折断。

如果轮齿宽度过大，由于制造、安装的误差使其局部受载过大，则也会发生轮齿折断。在斜齿圆柱齿轮传动中，轮齿工作面上的接触线为一斜线，轮齿受载后如有载荷集中，就会发生局部折断。若轴的弯曲变形过大而引起轮齿局部受载过大，则也会发生局部折断。

提高轮齿抗折断能力的措施很多，如增大齿根圆角半径，消除该处的加工刀痕，以降低齿根处的应力集中；增大轴及支承物的刚度，以减轻齿面局部过载的程度；对轮齿进行喷丸、碾压等冷作处理，以提高齿面硬度、保持芯部的韧性等。

2. 齿面点蚀

轮齿进入啮合时，齿面接触处产生很大的接触应力，脱离啮合后接触应力即消失。对齿廓工作面上某一固定点来说，它受到的是近似于脉动变化的接触应力。如果接触应力超过了轮齿材料的接触疲劳极限，齿面上产生裂纹，裂纹扩展致使表层金属剥落，形成小麻点，这种现象称为齿面点蚀。实践表明，由于轮齿在节面附近啮合时，同时啮合的齿对数少，且轮齿之间相对滑动速度小，润滑油膜不易形成，所以点蚀首先出现在靠近节线的齿根面上。一般闭式传动中的软齿面较易发生点蚀失效，故设计时应保证齿面有足够的接触强度。为防止过早出现点蚀，可采用提高齿面硬度、减小表面粗糙度值、增加润滑油黏度等措施。而对于开式齿轮传动，由于磨损严重，故一般不出现点蚀。

3. 齿面磨损

轮齿在啮合过程中存在相对滑动，使齿面间产生摩擦磨损。如果有金属微粒、砂粒、灰尘等进入轮齿间，将引起磨粒磨损。磨损将破坏渐开线齿形，并使间隙增大而引起冲击和振动，严重时甚至因齿厚减薄过多而折断。

对于新的齿轮传动装置来说，在开始运转一段时间内会发生跑合磨损，这对传动是有利的，可使齿面表面粗糙度降低，提高了传动的承载能力。但跑合结束后应更换润滑油，以免发生磨粒磨损。

磨损是开式传动的主要失效形式。采用闭式传动、提高齿面硬度、降低齿面表面粗糙度及采用清洁的润滑油，均可以减轻齿面磨损。

4. 齿面胶合

在高速重载的齿轮传动中，齿面间的高压、高温使油膜破裂，局部金属互相粘连继而有相对滑动，金属从表面被撕裂下来，而在齿面上沿滑动方向出现条状伤痕，称为胶合。低速重载的传动因不易形成油膜，也会出现胶合。发生胶合后，齿廓形状改变了，不能正常工作。

在实际中采用提高齿面硬度、减小齿面粗糙度、限制油温、增加油的黏度、选用加有抗胶合添加剂的合成润滑油等方法，可以防止胶合的产生。

多学一手

设计齿轮传动时应根据齿轮传动的工作条件和失效情况等，合理地确定设计准则，以保证齿轮传动有足够的承载能力。工作条件和齿轮的材料不同，轮齿的失效形式就不同，设计准则、设计方法也不同。

对于闭式软齿面齿轮传动，齿面点蚀是主要的失效形式，应按齿面接触疲劳强度进行设计计算，确定齿轮的主要参数和尺寸，然后再按弯曲疲劳强度校核齿根的弯曲强度。闭式硬齿面齿轮传动因齿根折断而失效，故通常先按齿根弯曲疲劳强度进行设计计算，确定齿轮的模数和其他尺寸，然后再按接触疲劳强度校核齿面的接触强度。

对于开式齿轮传动中的齿轮，齿面磨损为其主要失效形式，故通常按照齿根弯曲疲劳强度进行设计计算，确定齿轮的模数，考虑磨损因素，再将模数增大 10%～20%，而无须校核接触强度。

应知应会

直齿圆柱齿轮的基本参数：模数 m；压力角 α；齿数 z；齿顶高系数 h_a^* 和径向间隙系数 c^*。标准直齿圆柱齿轮的几何尺寸计算公式要记忆。

集思广益

（1）小组长组织本项目的学习与考核，相互交流学习心得，写出问题答案。
（2）用书面的形式提交考核结果，小组集体预习下一学习任务。

1. 小组讨论减速器中齿轮传动设计的原则是什么。

2. 节圆与分度圆有何区别？压力角与啮合角有何区别？
___
___

3. 用切削法加工齿轮，从加工原理上看可分为哪两大类？滚齿、插齿、铣齿各属于哪种加工？
___
___

4. 对齿轮材料的基本要求是什么？常用齿轮材料有哪些？
___
___
___

知识积累

径节制齿轮

在英、美等一些以英制作单位的国家，不用模数而用径节（用 D_P 表示）作为计算齿轮几何尺寸的基本参数。由 $\pi d = zp$ 知

$$d = \frac{z}{\pi/p} = \frac{z}{D_P}$$

式中：D_P——径节，$D_P = \frac{z}{p}$，单位为 in^{-1}。

模数和径节 D_P 成倒数关系，但各自的单位不同，它们的换算关系为

$$m = \frac{25.4}{D_P}$$

二、难点与重点点拨

本次学习任务的目标是了解齿轮传动的类型和特点；掌握齿轮传动的基本参数和几何尺寸计算；熟悉齿轮传动的设计准则及设计过程；掌握标准圆柱直齿齿轮传动的设计步骤和方法。

学习重点：
- 了解齿轮传动的类型和特点；
- 掌握齿轮传动的基本参数和几何尺寸计算；
- 熟悉齿轮传动的设计准则及设计过程；
- 掌握标准圆柱直齿齿轮传动的设计步骤和方法。

学习难点：
- 掌握标准圆柱直齿齿轮传动的设计步骤和方法。

三、任务部署

阅读主体教材、自主学习手册等相关知识，按照表 3-3-1 要求完成学习任务。

表 3-3-1 任务单 齿轮传动的设计

任务名称	齿轮传动设计	学时		班级	
学生姓名		学生学号		任务成绩	
实训设备		实训场地		日期	
任务目的	学会齿轮传动设计的方法和步骤				
任务说明	一、任务要求 掌握齿轮传动设计的方法和步骤 二、任务实施条件 1. 计算器、机械设计手册等设计工具。 2. 减速器齿轮传动的三维模型				
任务内容	减速器中齿轮传动的设计				
任务实施	一、主要参数的选择 （1）传动比 i； （2）齿数 z； （3）模数； （4）齿宽系数； （5）螺旋角 β。 二、设计步骤 （1）根据题目提供的工况等条件，确定传动形式，选择合适的齿轮材料和热处理方法，查表确定相应的许用应力； （2）根据设计准则，设计计算 m 或 d_1； （3）选择齿轮的主要参数； （4）计算齿轮的主要几何尺寸； （5）根据设计准则校核接触强度或弯曲强度； （6）校核齿轮的圆周速度，选择齿轮传动的精度等级和润滑方式等； （7）绘制齿轮零件工作图				
谈谈本次课的收获，写写学习体会，给任课教师提点建议					

四、任务考核

任务考核见表 3-3-2。

表 3-3-2　任务三　考核表

任务名称：齿轮传动的设计　　　　　　　　　　　　专业_____ 20____级____班
第_____小组　　　　　　　　　　　　　　　　　　姓名_____ 学号_____

考核项目		分值/分	自评	备　注
信息收集	信息收集方法	5		从主体教材、网站等多种途径获取知识，并能基本掌握关键词学习法
	信息收集情况	10		基本掌握主体教材相关知识点
	团队合作	10		团队合作能力强
任务实施	选择齿轮类型、精度、材料齿数等	10		不合理扣除 3 分
	强度设计	15		每答错一题扣除 2 分
	强度校核	10		不合理扣除 2 分
	几何尺寸计算	15		分析不当扣除 3 分
	齿轮结构设计	10		选择不合理扣除 3 分
	选择齿轮类型、精度、材料齿数等	10		
安全环保	1. 设计后要进行校核； 2. 保持环境整洁、工作习惯良好	5		发生不校核不给分
小计		100		
其他考核				

考核人员	分值/分	评分	存在问题	解决办法
（指导）教师评价	100			
小组互评	100			
自评成绩	100			
总评	100		总评成绩=指导教师评价×35% + 小组评价×25% + 自评成绩×40%	

越修越好

职业素养提升内容第四部分、员工职业素养的团队意识：
（1）团队是个人职业成功的前提；
（2）个人因为团队而更加强大；
（3）面对问题要学会借力与合作；

(4) 帮助别人就是帮助自己；

(5) 懂得分享，不独占团队成果；

(6) 与不同性格的团队成员默契配合；

(7) 通过认同力量增强团队意识；

(8) 顾全大局，甘当配角。

五、任务拓展

如图3-3-1所示，试设计此带式输送机减速器的高速级齿轮传动。已知输入功率 $P = 40$ kW，小齿轮转速 $n = 960$ r/min，齿数比 $u = 3.5$，由电动机驱动，工作寿命15年（设每年工作300天），两班制，带式输送机工作平稳，转向不变。注意：选择斜齿齿轮传动进行设计。

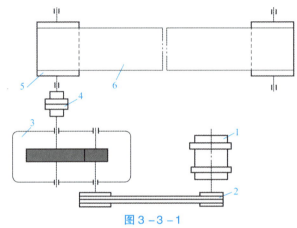

图3-3-1

1—电动机；2—带传动；3—减速器；4—联轴器；5—滚筒；6—输送带

设计需要的相关知识

（一）选用精度等级、材料，确定许用应力

斜齿齿轮传动的精度等级、材料的选择和直齿齿轮传动基本上都是相同的。

（二）选用主要参数

1. 螺旋角 β

将斜齿圆柱齿轮的分度圆柱展开，该圆柱上的螺旋线便成为一条斜直线，它与齿轮轴线间的夹角便是分度圆柱上的螺旋角，简称螺旋角，用 β 表示。β 大，重合度大，传动平稳，但轴向力大，一般 $\beta = 8° \sim 15°$。斜齿圆柱齿轮的螺旋线方向有左旋和右旋之分，其判别方法如下：使斜齿齿轮轴线竖直放置，面对齿轮，轮齿的方向从左向右上升时为右旋斜齿齿轮；反之，从右向左上升时为左旋斜齿齿轮。

2. 模数和压力角

对斜齿圆柱齿轮，垂直于齿轮轴线的平面称为端面，垂直于分度圆柱上螺旋线的平面称为法面。用铣刀或滚刀加工斜齿圆柱齿轮时，刀具的进刀方向是齿轮分度圆柱上螺旋线的方向，因此斜齿圆柱齿轮的法面模数 m_n 和法面压力角 α_n 应与刀具的模数和压力角相同，均为标准值。法面模数 m_n 的标准值见主体教材表3-3-2，法面压力角 α_n 的标准值为20°。但斜齿圆柱齿轮的直径和中心距等几何尺寸计算，是在端面内进行的，因此要注意法面参数与端面参数之间的换算关系。

法面齿距 p_n 与端面齿距 p_t 的关系为

$$p_n = p_t \cos\beta$$

因为 $p_n = \pi m_n$, $p_t = \pi m_t$，所以法面模数 m_n 与端面模数 m_t 的关系为

$$m_n = m_t \cos\beta$$

可以证明，法面压力角与端面压力角的关系为

$$\tan\alpha_n = \tan\alpha_t \cos\beta$$

提示：对外啮合斜齿圆柱齿轮传动的正确啮合条件是：除两轮的法面模数和法面压力角必须分别相等外，两轮的螺旋角还必须大小相等、旋向相反，即

$$m_{n1} = m_{n2} = m_n$$
$$\alpha_{n1} = \alpha_{n2} = \alpha_n$$
$$\beta_1 = -\beta_2$$

(三) 斜齿圆柱齿轮传动的强度计算

1. 受力分析

图 3-3-2 所示为斜齿圆柱齿轮传动中的受力分析图。图中 F_{n1} 作用在齿面的法面内，忽略摩擦力的影响，F_{n1} 可分解成三个互相垂直的分力，即圆周力 F_{t1}、径向力 F_{r1} 和轴向力 F_{a1}，其值分别为

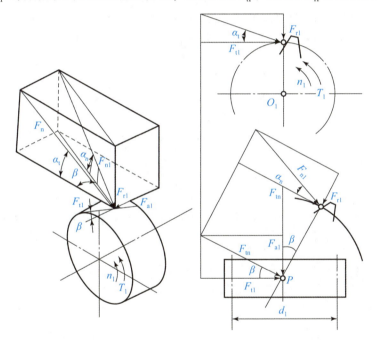

图 3-3-2

$$\left.\begin{array}{ll}\text{圆周力} & F_{t1} = \dfrac{2T_1}{d_1} \\[4pt] \text{径向力} & F_{r1} = F_{t1}\dfrac{\tan\alpha_n}{\cos\beta} \\[4pt] \text{轴向力} & F_{a1} = F_{t1}\tan\beta \end{array}\right\}$$

式中：T_1——主动轮传递的转矩，单位为 N·mm；

d_1——主动轮分度圆直径，单位为 mm；

β——分度圆上的螺旋角，单位为 (°)；

α_n——法面压力角，单位为 (°)。

作用于主动轮上的圆周力和径向力方向的判定方法与直齿圆柱齿轮相同,轴向力的方向可根据左右手法则判定,即右旋斜齿齿轮用右手、左旋斜齿齿轮用左手判定,弯曲的四指表示齿轮的转向,拇指的指向即为轴向力的方向。作用于从动轮上的力可根据作用与反作用原理来判定。

2. 强度校核

斜齿圆柱齿轮传动的强度计算与直齿圆柱齿轮相似,但由于斜齿齿轮啮合时齿面接触线的倾斜以及传动重合度的增大等因素的影响,使斜齿齿轮的接触应力和弯曲应力降低。其强度计算公式如下。

1. 齿面接触疲劳强度计算

校核公式为

$$\sigma_H = 3.17 Z_E \sqrt{\frac{KT_1(u\pm1)}{bd_1^2 u}} \leqslant [\sigma_H]$$

设计公式为

$$d_1 \geqslant \sqrt[3]{\frac{KT_1(u\pm1)}{\psi_d u}\left(\frac{3.17 z_E}{[\sigma_H]}\right)^2}$$

校核公式中根号前的系数比直齿轮计算公式中的系数小,所以在受力条件等相同的情况下求得的 σ_H 值也随之减小,即接触应力减小。这说明斜齿齿轮传动的接触强度要比直齿齿轮传动的高。

2. 齿根弯曲疲劳强度计算

校核公式

$$\sigma_F = \frac{1.6KT_1}{bm_n d_1}Y_F Y_S = \frac{1.6KT_1\cos\beta}{bm_n^2 z_1}Y_F Y_S \leqslant [\sigma_F]$$

设计公式为

$$m_n \geqslant 1.17\sqrt[3]{\frac{KT_1\cos^2\beta Y_F Y_S}{\psi_d z_1^2 [\sigma_F]}}$$

设计时应将 $\frac{Y_{F1}Y_{S1}}{[\sigma_F]_1}$ 和 $\frac{Y_{F2}Y_{S2}}{[\sigma_F]_2}$ 两比值中的较大值代入上式,并将计算的法面模数 m_n 按标准模数圆整。Y_F、Y_S 应按斜齿轮的当量齿数 z_v 查取。

提示:当量齿数 $z_v = \frac{2\rho}{m_n} = \frac{d}{m_n\cos^2\beta} = \frac{m_n z}{m_n\cos^3\beta} = \frac{z}{\cos^3\beta}$

做一做

(1) 根据陈述内容,选择任务中大小齿轮的齿数、齿宽系数和螺旋角,计算小齿轮的名誉转矩,选取载荷系数。

(2) 根据工作条件,选择设计准则。比如,按照弯曲疲劳强度进行设计,计算出斜齿圆柱齿轮的法面模数。

四、斜齿圆柱齿轮传动的几何尺寸计算

斜齿齿轮的几何尺寸是按其端面参数来进行计算的。它与直齿齿轮的几何尺寸计算一样,即可将直齿齿轮的各几何尺寸计算公式中的标准参数(m、α、h_a^*、c^*)全部改写为斜齿齿轮的端面参数,再代换以法面参数表示的计算公式,即可得斜齿齿轮的几何尺寸的计算公式。

分度圆直径

$$d_1 = m_t z_1 = \frac{m_n z_2}{\cos\beta}$$

齿顶高

$$h_a = h_{an}^* m_n = m_n$$

齿根高

$$h_f = h_{an}^* + c_n^*) m_n = 1.25 m_n$$

端面模数

$$m_t = \frac{m_n}{\cos\beta}\ (m_n\ 为法面模数)$$

端面压力角

$$\alpha_t = \arctan\frac{\tan\alpha_n}{\cos\beta}$$

因此，斜齿齿轮的其他几何尺寸就很容易由上述几何尺寸计算得到。

做一做

（1）计算出斜齿齿轮法面模数，并按照上述公式计算各主要尺寸，如中心距、分度圆直径、齿顶圆直径等。

（2）根据工作条件选择设计准则进行校核。比如，按照齿面疲劳强度进行校核，检查齿轮传动是否安全。

五、斜齿圆柱齿轮的结构设计及润滑条件（同直齿齿轮传动）

六、技能鉴定辅导

能力目标

通过本任务的学习与训练，学生应该达到以下职业能力目标：
◆具有企业需要的基本职业道德和素质；
◆能够通过听课、查阅资料、检索及其他渠道收集资料和信息；
◆具有主动学习的能力、心态和行动；
◆掌握齿轮常见失效形式及修补办法；
◆掌握齿轮加工方法。

自 我 提 高

1. 填空题

（1）齿轮传动与带传动、链传动相比，具有传递功率_____、传动效率_____、使用寿命_____等一系列优点，所以应用广泛。

（2）按照工作条件不同，齿轮传动可分为_____和_____两种传动。

（3）渐开线的形状取决于_____的大小。

（4）渐开线上任意一点的_____线必与其_____相切。

（5）渐开线上各点的压力角_____，离基圆越远压力角_____，离基圆越近压力角_____，基圆上压力角为_____。

（6）啮合线与两节圆公切线所夹的锐角称为_____；在标准中心距的情况下，_____

和_____相等。

（7）两渐开线齿轮啮合传动，当两轮的_____略有改变时，两齿轮仍能保持原传动比传动，此特性称为齿轮传动的_____。

（8）标准规定分度圆上的压力角 α = _____，正常齿的齿顶高系数 h_a^* = _____。

（9）要保证两齿轮能正确啮合，则两齿轮在_____齿距必须相等。

（10）以两齿轮传动中心为圆心，通过节点所作的圆称为_____；在标准中心距的情况下，_____和_____重合。

（11）切削法加工齿轮在原理上分为_____法和_____法两种。用_____法加工齿轮，当 $z<17$ 时，会产生_____。

（12）齿轮常见的失效形式有_____、_____、_____、齿面胶合和齿面塑性变形。

（13）较重要的齿轮均采用_____传动，因为它能保证良好的润滑和工作条件。

（14）对于闭式软齿面齿轮传动，_____是主要的失效形式；对于开式齿轮传动中的齿轮，_____为其主要的失效形式。

（15）软齿面齿轮的齿面硬度≤350 HBS，常用中碳钢和中碳合金钢通过_____或_____处理得到。

（16）硬齿面的硬度是_____，常用的热处理方法是_____。

（17）齿轮常用的金属材料有_____、_____、_____和非金属材料。

（18）斜齿圆柱齿轮与直齿圆柱齿轮相比，承载能力_____，传动平稳性_____，工作寿命_____。

（19）斜齿圆柱齿轮螺旋角 β 越大，传动平稳性越_____，但轴向力也越_____，螺旋角 β 一般取_____，常用_____。

（20）一对外啮合斜齿圆柱齿轮传动的正确啮合条件是：除两轮的法面_____和法面_____必须分别相等外，两轮的_____还必须大小相等、旋向相反。

（21）斜齿圆柱齿轮传动中，轮齿上的法向力可分解为对齿轮的_____力、_____力和_____力。

（22）进行锥齿轮的几何尺寸计算时一般以_____参数为标准值，计算_____上的几何尺寸。

（23）圆锥齿轮的正确啮合条件是：两齿轮的_____模数和_____要相等。

（24）齿轮传动中的功率损失，主要包括_____损失、_____损失和_____损失。

2. 选择题

（1）能保证瞬时传动比恒定、工作可靠、传递运动准确的是_____。
A. 摩擦轮传动　　　B. 带传动　　　C. 齿轮传动　　　D. 链传动

（2）渐开线上任意一点的法线必_____基圆。
A. 相交于　　　B. 切于　　　C. 垂直于　　　D. 相割于

（3）一对齿轮要正确啮合，它们的_____必须相等。
A. 模数　　　B. 直径　　　C. 齿宽　　　D. 齿数

（4）一对渐开线齿轮制造好后，安装的实际中心距与标准中心距稍有变化，仍能保证恒定的传动比，这个性质称为_____。
A. 传动的连续性　　　B. 传动的可分离性　　　C. 传动的平稳性　　　D. 承载能力

（5）一标准直齿圆柱齿轮的齿距 $P=15.7$ mm，齿顶圆直径 $d_a=400$ mm，则该齿轮的齿数为_____。
A. 82　　　B. 80　　　C. 78　　　D. 76

(6) 标准规定的压力角在_____上。
A. 基圆　　　　　B. 齿顶圆　　　　　C. 齿根圆　　　　　D. 分度圆

(7) 渐开线齿轮连续传动条件为：重合度 ε _____。
A. <0　　　　　B. >0　　　　　C. <1　　　　　D. >1

(8) 已知传递动力较大，速度不高，要求运转平稳，在齿轮两端采用两个滚针轴承支承，则该齿轮传动宜选用_____。
A. 直齿圆柱齿轮　　B. 斜齿圆柱齿轮　　C. 人字齿圆柱齿轮　　D. 圆锥齿轮

(9) 与标准圆柱齿轮传动相比，采用高度变位齿轮传动可以_____。
A. 使大、小齿轮的抗弯强度趋近　　　　B. 提高齿轮的接触强度
C. 使大、小齿轮的磨损程度都减小　　　D. 凑配中心距

(10) 高速重载齿轮传动的主要失效形式为_____。
A. 齿面胶合　　　　　　　　　　B. 齿面磨损和齿面点蚀
C. 齿面点蚀　　　　　　　　　　D. 齿根折断

(11) 对齿面硬度 HB≤350 的闭式钢齿轮传动，主要的失效形式是_____。
A. 轮齿疲劳折断　　B. 齿面点蚀　　C. 齿面磨损　　D. 齿面胶合

(12) 低速重载软齿面齿轮传动的主要失效形式是_____。
A. 轮齿疲劳折断　　B. 齿面点蚀　　C. 齿面胶合　　D. 齿面塑性变形

(13) 对于齿面硬度 HB≤350 的闭式齿轮传动，设计时一般_____。
A. 先按接触强度条件计算　　　　B. 先按弯曲强度条件计算
C. 先按磨损条件计算　　　　　　D. 先按胶合条件计算

(14) 对于开式齿轮传动，在工程设计中，一般_____。
A. 按接触强度计算齿轮尺寸，再验算弯曲强度
B. 只需按接触强度计算
C. 按弯曲强度计算齿轮尺寸，再验算接触强度
D. 只需按弯曲强度计算

(15) 对齿轮轮齿材料性能的基本要求是_____。
A. 齿面要硬，齿芯要韧　　　　B. 齿面要硬，齿芯要脆
C. 齿面要软，齿芯要脆　　　　D. 齿面要软，齿芯要韧

(16) 对于 HB≤350 的齿轮传动，当采取同样钢材来制造时，一般将_____处理。
A. 小齿轮淬火、大齿轮调质　　　B. 小齿轮淬火、大齿轮正火
C. 小齿轮调质、大齿轮正火　　　D. 小齿轮正火、大齿轮调质

(17) 设计一般闭式齿轮传动时，计算接触疲劳强度是为了避免_____失效。
A. 胶合　　　　B. 磨粒磨损　　　C. 齿面点蚀　　　D. 轮齿折断

(18) 设计一般闭式齿轮传动时，齿根弯曲疲劳强度主要针对的失效形式是_____。
A. 齿面塑性变形　　B. 轮齿疲劳折断　　C. 齿面点蚀　　D. 磨损

(19) 齿轮弯曲强度计算中的齿形系数与_____有关。
A. 模数 m　　　B. 齿数 z　　　C. 压力角 α　　　D. 变位系数

(20) 磨损尚无完善的计算方法，故目前设计开式齿轮传动时，一般弯曲疲劳强度设计计算用适当增大模数的办法，以考虑_____的影响。
A. 齿面点蚀　　B. 齿面塑性变形　　C. 磨面磨损　　D. 齿面胶合

(21) _____对齿面接触应力的大小无直接影响。
A. 中心距　　　　B. 模数　　　　C. 齿宽　　　　D. 传动比

（22）直齿圆锥齿轮的标准模数规定在_____分度圆上。
A. 法面　　　　　　B. 端面　　　　　　C. 大端　　　　　　D. 小端

（23）斜齿圆柱齿轮的标准模数在_____分度圆上。
A. 法面　　　　　　B. 端面　　　　　　C. 大端　　　　　　D. 小端

（24）设计斜齿圆柱齿轮传动时，螺旋角 β 一般在 8°~15° 范围内选取，β 太小，齿轮传动的优点不明显，太大则会引起_____。
A. 啮合不良　　　　B. 制造困难　　　　C. 轴向力太大　　　D. 传动平稳性下降

（25）设计圆柱齿轮传动时，通常使小齿轮的宽度比大齿轮的宽一些，其目的是_____。
A. 使小齿轮和大齿轮的强度接近相等　　　　B. 使传动更平稳
C. 补偿可能的加工和安装误差　　　　　　　D. 使大小齿轮寿命接近

3. 判断题

（1）齿轮传动的瞬时传动比恒定、工作可靠性高，所以应用广泛。（　）
（2）标准中心距条件下啮合的一对标准齿轮，其啮合角等于基圆上的压力角。（　）
（3）渐开线上各点的压力角不等，离基圆越远压力角越小。（　）
（4）分度圆是单个齿轮固有的几何尺寸，只有一对齿轮啮合才有节圆。（　）
（5）离基圆越远，渐开线越平直。（　）
（6）不同齿数和模数的各种标准渐开线齿轮分度圆上的压力角不等。（　）
（7）标准模数和标准压力角保证了渐开线齿轮传动比恒定。（　）
（8）直齿圆柱标准齿轮的正确啮合条件：只要两齿轮的模数相等即可。（　）
（9）用仿形法加工标准直齿圆柱齿轮，当 $z_{min} < 17$ 时产生根切。（　）
（10）与标准齿轮相比，正变位齿轮轮齿齿根厚度减小。（　）
（11）采用标准模数和标准压力角的齿轮不一定是标准齿轮。（　）
（12）齿轮与齿条啮合时齿轮的分度圆永远与节圆重合，啮合角恒等于压力角。（　）
（13）点蚀多发生在靠近节线的齿根面上。（　）
（14）开式传动和软齿面闭式传动的主要失效形式之一是轮齿折断。（　）
（15）适当提高齿面硬度可以有效地防止或减缓齿面点蚀、齿面磨损、齿面胶合和轮齿折断所导致的失效。（　）
（16）为防止点蚀，可以采用选择合适的材料以及提高齿面硬度、减小表面粗糙度值等方法。（　）
（17）两齿轮齿面接触应力 σ_{H1} 与 σ_{H2} 大小不同。（　）
（18）通常两个相啮合齿轮的齿数是不同的，故齿形系数 Y_F 和应力修正系数 Y_S 都不相等。（　）
（19）斜齿轮的承载能力没有直齿轮高，所以不能用于大功率传动。（　）
（20）斜齿圆柱齿轮的螺旋角越大，传动平稳性越差。（　）
（21）斜齿轮可以作为变速箱中的滑移齿轮。（　）
（22）直齿圆锥齿轮两轴间的交角可以是任意的。（　）
（23）齿轮的模数越大，其齿形系数就越小，轮齿的弯曲疲劳强度就越高。（　）
（24）一对外啮合斜齿轮，轮齿的螺旋角相等、旋向相同。（　）
（25）一对齿轮传动中两齿轮齿面上的接触应力相同（　）；齿根弯曲应力也相同。（　）

4. 名词解释

（1）模数。

(2) 压力角。

(3) 标准齿轮。

(4) 分度圆。

(5) 中心距可分性。

(6) 节圆。

(7) 根切。

(8) 齿轮的失效。

(9) 斜齿轮的螺旋角。

任务 3.4 蜗杆传动设计

一、学习导引

蜗杆传动常用于两轴交错、传动比较大、传递功率不太大或间歇工作的场合。当要求传递较大功率时,为提高传动效率,常取 $z_1 = 2 \sim 4$。此外,由于当 γ_1 较小时传动具有自锁性,故常用于卷扬机等起重机械中,起安全保护作用。它还广泛应用于机床、汽车、仪器、冶金机械及其他机器或设备中,其原因是使用轮轴运动可以减少力的消耗,从而大力推广。故能够合理地设计蜗杆传动,充分利用其优势,具有很大的意义。建议 3~5 人组成学习小组,充分利用网络教学资源,完成下面的学习任务。

网站冲浪

1. 了解蜗杆传动的优点。
   _____
   _____

2. 了解蜗杆传动的缺点。
   _____
   _____

3. 了解蜗杆传动传动比的计算公式。
   _____
   _____
   _____

应知应会

蜗杆的分度圆直径可写为

$$d_1 = mz_1/\tan\lambda$$

蜗杆的分度圆直径 d_1 不仅与模数 m 有关，而且与 z_1 和 λ 有关，同一模数的蜗杆，为使刀具标准化，标准规定，蜗杆分度圆直径 d_1 必须采用标准值。将 d_1 与 m 的比值称为蜗杆直径系数 q，即

$$d_1 = qm$$

式中：d_1、m 已标准化；q 值可查阅标准。

资源浏览

1. 小组讨论普通圆柱蜗杆传动的主要参数及几何尺寸如何计算。

_____

_____

_____

2. 蜗杆、蜗轮材料应如何选择？

_____

_____

_____

多学一手

蜗杆传动的正确啮合条件：

通过蜗杆轴线并垂直于蜗轮轴线的平面称为中间平面，如图 3-4-1 所示。在中间平面，蜗轮与蜗杆的啮合相当于渐开线齿轮与齿条的啮合。因此，设计蜗杆传动时，其参数和尺寸均在中间平面内确定。

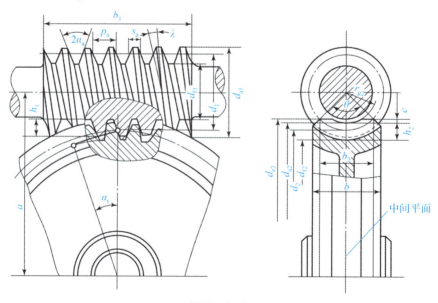

图 3-4-1

蜗杆与蜗轮啮合时，蜗杆的轴面模数、压力角应与蜗轮的端面模数、压力角相等；蜗杆的导

程角与蜗轮的螺旋角大小相等、旋向相同。

$$\begin{cases} m_{a1} = m_{r2} = m \\ \alpha_{a1} = \alpha_{r2} = 20° \\ \lambda = \beta \end{cases}$$

集思广益

(1) 小组长组织本项目的学习与考核，相互交流学习心得，写出问题答案。
(2) 用书面的形式提交考核结果，小组集体预习下一学习任务。

1. 蜗杆减速器中一般_____是主动件，具有自锁性能。
2. 蜗杆传动的传动比较_____，分度机构中最大可以达到_____，而结构_____。
3. 蜗杆传动的效率较_____。
4. _____齿廓的蜗杆应用最广。
5. 闭式蜗杆传动的设计准则，先按_____进行设计。
6. 蜗杆的头数一般取_____、_____、_____，本任务中的蜗杆头数根据_____取_____。
7. 写出本任务中蜗轮传递的扭矩与电动机功率及蜗杆转速的关系。

应知应会

蜗杆受力分析：

分析蜗杆传动作用力时，可先根据蜗杆的螺旋线旋向和蜗杆的旋转方向，采用左右手定则，判定蜗轮的旋转方向，具体方法是：蜗杆右旋时用右手，左旋时用左手。半握拳，四指指向蜗杆回转方向，蜗轮的回转方向与大拇指指向相反。蜗杆和蜗轮的旋向及旋转方向确定后，就可以对蜗杆传动进行受力分析。

知识积累

蜗杆传动带散热措施

如果工作温度超过允许的范围，则可采取下列措施：
(1) 在箱体外表面设置散热片以增加散热面积 A；
(2) 在蜗杆轴上安装风扇，如图 3-4-2 (a) 所示；

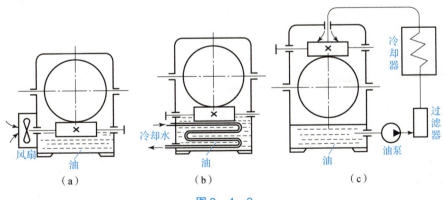

图 3-4-2
(a) 风扇冷却；(b) 冷却水管冷却；(c) 压力喷油冷却

项目三 传动机构设计

（3）在箱体油池内装蛇形冷却水管，如图3-4-2（b）所示；
（4）用循环油冷却，如图3-4-2（c）所示。

二、难点与重点点拨

本次学习任务的目标是掌握蜗杆传动的参数及几何尺寸计算，完整地进行蜗杆传动机构的设计。

学习重点：
- 蜗杆传动的基本参数和几何尺寸计算；
- 蜗杆传动的设计准则及设计过程；
- 蜗杆传动的效率和热平衡计算。

学习难点：
- 蜗杆传动的设计准则及设计过程。

三、任务部署

阅读主体教材、自主学习手册等相关知识，参考教材网站或光盘，按照表3-4-1要求完成学习任务。

表3-4-1 任务单 蜗杆传动设计

任务名称	蜗杆传动设计	学时		班级	
学生姓名		学生学号		任务成绩	
实训设备		实训场地		日期	
任务目的	掌握蜗杆传动的参数及几何尺寸计算，完整地进行蜗杆传动机构的设计				
任务说明	一、任务要求 学会完整地进行蜗杆传动机构设计。 二、任务实施条件 1. 计算器； 2. 直尺； 3. 圆规； 4. 机械设计手册				
任务内容	识别与检测二极管				
任务实施	一、熟悉几何参数和相关尺寸计算公式 二、会根据强度准则进行设计和校核 三、进行蜗杆蜗轮的结构设计				
谈谈本次课的收获，写写学习体会，给任课教师提点建议					

四、任务考核

任务考核见表3-4-2。

表3-4-2 任务3.4考核表

任务名称：蜗杆传动设计　　　　　　　　　　　　专业_____ 20____级____班
第_____小组　　　　　　　　　　　　　　　　姓名_____学号_____

考核项目		分值/分	自评	备注
信息收集	信息收集方法	5		从主体教材、网站等多种途径获取知识，并掌握关键词学习法
	信息收集情况	5		基本掌握主体教材相关知识点
	团队合作	10		团队合作能力强
任务实施	选择蜗杆类型、精度、材料、头数等	10		渐开线蜗杆、材料、头数等
	强度设计	20		确定分度圆直径、齿宽、模数计算
	强度校核	20		校核强度是否合适
	几何尺寸计算	15		分度圆、齿顶圆、齿根圆等尺寸计算，"任务实施引导"相关问题的完成情况
	蜗杆蜗轮结构设计	15		绘制蜗杆结构工作图
	小计	100		
其他考核				

考核人员	分值/分	评分	存在问题	解决办法
（指导）教师评价	100			
小组互评	100			
自评成绩	100			
总评	100		总评成绩=指导教师评价×35%+小组评价×25%+自评成绩×40%	

越修越好

素养体现到职场上的就是职业素养，体现在生活中的就是个人素质或者道德修养。职业素养是指职业内在的规范、要求以及提升，是在职业过程中表现出来的综合品质，包含职业道德、职业技能、职业行为、职业作风和职业意识规范；时间管理能力提升、有效沟通能力提升、团队协作能力提升、敬业精神和团队精神；还有重要的一点就是个人的价值观和公司的价值观能够衔接。

五、拓展任务

1. 自学轮系的相关知识。

2. 蜗杆传动为什么要进行热平衡计算？

六、技能鉴定辅导

能力目标

通过本任务的学习与训练，学生应该达到以下职业能力目标：
◆ 具有企业需要的基本职业道德和素质；
◆ 能够通过听课、查阅资料、检索及其他渠道收集资料和信息；
◆ 具有主动学习的能力、心态和行动；
◆ 掌握蜗杆传动的有关参数计算；
◆ 掌握蜗杆传动的设计步骤。

自 我 提 升

1. 填空题

（1）为了减摩和耐磨，蜗轮一般多用_____制造。
（2）通过_____轴线并垂直于_____轴线的平面称为中间平面。在中间平面上_____相当于齿条，_____相当于齿轮。
（3）为了减少刀具的数目，便于刀具标准化，标准规定，蜗杆_____必须采用标准值。
（4）蜗杆传动的正确啮合条件是_____、_____和_____。
（5）蜗杆传动的主要失效形式为_____、_____和齿面点蚀等。
（6）由于蜗杆传动时摩擦严重、发热量大、效率低，故对闭式蜗杆传动还必须_____，以免发生胶合失效。
（7）蜗杆一般采用_____或_____制造，要求齿面光洁并具有较高硬度。
（8）蜗杆传动正确啮合条件中，对螺旋角方面的要求是：蜗杆分度圆柱_____与蜗轮分度圆柱_____相等且螺旋方向_____。
（9）蜗杆传动中蜗杆直径等于_____与模数的乘积，不等于_____与模数的乘积。
（10）蜗杆传动由于_____、_____，所以工作时发热量就很大。
（11）蜗杆头数越多，升角_____，传动效率_____，自锁性能越_____。
（12）蜗杆的直径系数越小，其升角_____，_____越高，强度和刚度_____。
（13）蜗轮常用较贵重的有色金属制造是因为青铜的_____和_____性能好。
（14）在蜗杆传动中，蜗轮的圆周力与蜗杆的_____力是大小相等、方向相反的。
（15）在蜗杆传动中，蜗轮的_____力与蜗杆的圆周力是作用力与反作用力。
（16）蜗轮旋转方向的判断方法是：当蜗杆是右旋时，用_____半握，四个手指顺着蜗杆的_____方向，这时与拇指指向_____的方向就是蜗轮的旋转方向。如果蜗杆是_____，就用左手来判断。

2. 判断题

（1）青铜的抗胶合能力和耐磨性较好，常用于制造蜗杆。（　　）
（2）蜗杆传动可以实现比较大的传动比，且结构紧凑。（　　）
（3）为了实现自锁，可以采用单头蜗杆。（　　）
（4）蜗杆传动的效率与蜗轮的齿数有关。（　　）

（5）在蜗杆传动中，由于轴是相互垂直的，所以蜗杆的螺旋升角应与蜗轮的螺旋角互余。
（　）
（6）因为蜗杆实际上是一个螺杆，所以蜗杆传动平稳、无噪声。（　）
（7）为了提高蜗杆传动的机械效率，可以采用齿数多的蜗轮。（　）
（8）蜗杆与蜗轮的旋向相反是蜗杆传动正确啮合的条件之一。（　）
（9）蜗杆传动常用于减速装置中。（　）
（10）蜗杆传动中，由于摩擦产生的热量大，所以闭式传动更容易产生胶合。（　）
（11）当蜗杆头数确定后，直径系数 q 值越小，则导程角也越小，效率越低。（　）
（12）蜗杆的轴向模数和蜗轮的端面模数相等且为标准值。（　）
（13）蜗杆传动比与蜗杆、蜗轮的转速成正比，与分度圆直径成反比。（　）
（14）若蜗轮齿数过多，蜗轮直径增大，与之相应的蜗杆长度增加，刚度增加。（　）
（15）蜗杆传动中，蜗轮的转向取决于蜗杆的旋向和蜗杆的转向。（　）
（16）蜗轮一般采用碳素钢或合金钢制造。（　）

项目四　支承件设计

传动零件必须被支承起来才能进行工作,支承传动件的零件称为轴,而轴本身又必须被支承起来。轴上被支承的部分称为轴颈,支承轴颈的支座称为轴承。

轴、轴承等都是机械传动中通用的支承件,它们是机械传动的核心部件,其工作的好坏将直接影响机器能否正常运转和使用寿命,正确选用和设计计算支承件是非常重要的。因此,支承件的组成、工作原理和设计选用原则是本项目的学习重点。

图 4-1 所示为减速器中的轴和轴承。

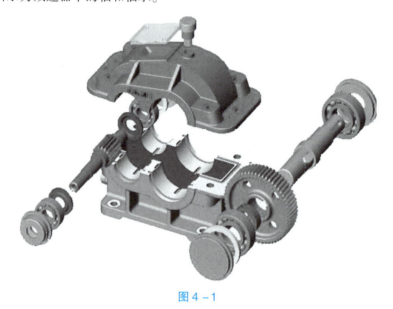

图 4-1

任务 4.1　轴类零件设计

一、学习导引

轴是机器上最重要的零件之一,一切做回转运动的零件(如齿轮、V 带轮、链轮等)都必须安装在轴上才能进行运动和动力的传递。因此,轴的主要功用是支承回转零件,使回转零件具有确定的工作位置,并传递运动和动力。轴工作状况的好坏直接影响机器的质量。学习轴的设计计算要先认知轴的类型、用途、常用材料的选择、轴的结构设计等。建议 3~5 人组成学习小组,充分利用网络教学资源,完成下面的学习任务。

图 4-1-1 所示为减速器中的低速轴。

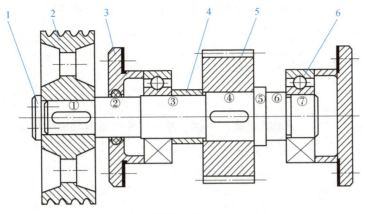

图 4-1-1

1—轴端挡圈；2—带轮；3—轴承盖；4—套筒；5—齿轮；6—滚动轴承

网站浏览

1. 解释减速器中低速轴上各段轴的名称及作用。

2. 了解轴的类型。

3. 了解轴的常用材料及选择。

应知应会

有关的基本名词术语：

通常轴是由若干轴段所组成的。根据各轴段所起的作用不同，它可分为轴头、轴颈和轴身。

（1）轴头：支承联轴器、带轮、齿轮等回转零件，并与这些回转零件的毂孔保持一定配合的轴段称为轴头。

（2）轴颈：与轴承相配合的轴段称为轴颈。

（3）轴身：介于轴头与轴颈之间的轴段称为轴身。

轴颈和轴头都是配合表面，是轴上较重要的部分，一般应具有较高的加工精度和较小的表面粗糙度。

为了轴上零件的定位需要，在轴上常设置轴环。另外，轴肩也常用来作为定位。所谓轴肩，是指轴的直径发生急剧变化处，即轴上小径与大径的交界面。

资源浏览

1. 小组讨论你日常生活中见过哪些机器上有轴，属于哪种类型，有何特点。

2. 分别说明心轴、转轴和传动轴的应用特点，各举 1~2 个应用实例。

3. 分析平压模切机主轴装配的工艺性。

4. 小组讨论图 4-1-1 所示减速器低速轴上各个零件的轴向和周向固定方式，并分析其各有什么特点。

多学一手

轴的各段直径和长度是根据结构设计与强度计算确定的，应满足以下要求。

（1）与滚动轴承相配合的轴段，其直径必须符合滚动轴承的内径标准，其长度一般等于轴承宽度。

（2）与一般回转零件（如齿轮、带轮和凸轮等）相配合的轴段，其直径应与相配合的零件毂孔直径相一致，且为标准轴径。

（3）与回转零件（如联轴器）相配合的轴段，其直径应与联轴器轴孔直径相一致。

（4）非配合的轴段，可取非标准轴径，但应尽可能取为整数。

（5）轴上螺纹部分直径必须符合相应的国家标准。

（6）起着零件定位作用的轴肩或轴环，其尺寸大小见轴肩与轴环轴向定位的内容。

（7）当零件需要轴向固定时，该处轴段的长度应比所装零件宽度小 1~3 mm。

集思广益

（1）小组长组织本任务的学习与考核，相互交流学习心得，写出问题答案。
（2）用书面的形式提交考核结果，小组集体预习下一学习任务。

1. 在齿轮减速器中，为什么低速轴的直径要比高速轴的直径大得多？

2. 根据平压模切机的工作情况，分析主轴采用的材料。

知识积累

轴的结构工艺性：

在设计轴的结构时，应尽可能使轴的结构形状简单，有较小的应力集中，并且具有良好的加工和装配工艺性能，以降低成本，提高劳动率。为此，设计时应考虑以下几个方面：

（1）为了获得良好的加工工艺性能和减小轴的应力集中，轴的台阶数应尽可能少，且相邻两轴段的直径差应尽可能小。

（2）为了减少刀具数目和加工时的换刀次数，同一根轴上的圆角和倒角尺寸应尽可能一致。

（3）为了便于加工和装配，轴端、轴头、轴颈的端部一般均应有倒角，当轴上需开孔时，孔端亦应有倒角。

（4）轴的结构尺寸（如直径、圆角半径、倒角、键槽、退刀槽、砂轮越程槽等）应符合国家设计标准和有关规定。

（5）为了减少装夹工件的时间，同一根轴上不同轴段的键槽应布置在轴的同一母线上，并注意不要把键槽开到轴肩圆角和过盈配合边缘上，以免应力集中过大。

（6）为了便于拆卸滚动轴承，轴肩高度应小于轴承内圈的高度，若因结构上的原因轴肩高度超过允许值，则可利用锥面过渡。

（7）为了便于加工，磨削时轴上应设置砂轮越程槽，切制螺纹时轴上应设置退刀槽，其尺寸可查设计手册。

二、难点与重点点拨

本次学习任务的目标是了解轴的用途和类型；了解轴的常用材料的选择；掌握轴上零件的固定方法；了解轴的加工和装配工艺性；掌握轴的强度计算和轴的设计计算。

学习重点：
- 掌握轴上零件的固定方法；
- 能分析计算轴的径向尺寸和轴向尺寸；
- 掌握轴的强度计算；
- 掌握轴的设计计算。

学习难点：
- 轴的设计计算。

三、任务部署

阅读主体教材、自主学习手册等相关知识，参考教材网站或光盘，按照表4-1-1要求完成学习任务。

表4-1-1 任务单 轴的设计计算

任务名称	轴的设计计算	学时		班级	
学生姓名		学生学号		任务成绩	
实训设备		实训场地		日期	
任务目的	□了解轴的类型及应用特点； □了解轴上零件的固定方式； □了解轴的常用材料； □了解轴的结构设计				
任务说明	一、任务要求 学会轴的设计计算。 二、任务实施条件 1. 计算器、机械设计手册等； 2. 轴的结构模型、直尺、量具等				
任务内容	轴的设计计算				
任务实施	一、根据工作条件选择轴的材料，确定许用应力				

续表

任务名称	轴的设计计算	学时		班级	
学生姓名		学生学号		任务成绩	
实训设备		实训场地		日期	
任务实施	二、按扭转强度估算出轴的最小直径 三、确定齿轮和轴承的润滑 四、轴系初步计算 五、轴的结构设计 六、轴的强度校核 七、绘制轴的零件图				
谈谈本次课的收获，写出学习体会，给任课教师提出建议					

四、任务考核

任务考核见表4-1-2。

表4-1-2 任务4.1 考核表

任务名称：轴的设计计算　　　　　　　　　　　　　专业_____20____级___班
第_____小组　　　　　　　　　　　　　　　　　　姓名_____学号_____

	考核项目	分值/分	自评	备 注
信息收集	信息收集方法	5		从主体教材、网站等多种途径获取知识，并掌握关键词学习法
	信息收集情况	5		基本掌握主体教材相关知识点
	团队合作	10		团队合作能力强
任务实施	根据轴的工作条件选择材料，确定许用应力	10		
	按扭转强度估算出轴的最小直径	10		
	设计轴的结构，绘制出轴的结构草图	15		
	按弯扭合成进行轴的强度校核	15		

续表

考核项目		分值/分	自评	备注
任务实施	修改轴的结构后再进行校核计算	15		
	绘制轴的零件图	15		
小计		100		
其他考核				

考核人员	分值/分	评分	存在问题	解决办法
（指导）教师评价	100			
小组互评	100			
自评成绩	100			
总评	100		总评成绩＝指导教师评价×35%＋小组评价×25%＋自评成绩×40%	

越修越好

职业素养的三大核心：

（1）职业信念。良好的职业信念应该是由爱岗、敬业、忠诚、奉献、正面、乐观、用心、开放、合作及始终如一等这些关键词组成的。

（2）职业知识技能。俗话说"三百六十行，行行出状元"，没有过硬的专业知识，没有精湛的职业技能，就无法把一件事情做好，就更不可能成为"状元"了。

（3）职业行为习惯。信念可以调整，技能可以提升。要让正确的信念、良好的技能发挥作用就需要不断地练习、练习、再练习，直到成为习惯。

五、任务拓展

已知：一单级直齿圆柱齿轮减速器，输出轴的功率 $P=10$ kW，转速 $n=202$ r/min，从动齿轮分度圆直径 $d=365$ mm，轮毂宽度为 80 mm，轴承采用轻窄系列深沟球轴承 6211，轴的支承跨距为 141 mm。试确定输出轴的结构形状和尺寸。

六、技能鉴定辅导

能力目标

通过本任务的学习与训练，学生应该达到以下职业能力目标：
◆具有企业需要的基本职业道德和素质；
◆能够通过听课、查阅资料、检索及其他渠道收集资料和信息；
◆具有主动学习的能力、心态和行动；
◆分析轴的结构设计；
◆分析轴的强度计算。

自 我 提 升

1. 填空题

（1）根据承受载荷的性质不同，轴可分为_____、_____和_____三种。

（2）轴的主要功用是_____。

（3）轴的材料常采用_____和_____。轴的毛坯一般采用_____和_____，很少采用铸件。

（4）常用的轴向固定方法有利用_____、_____、_____、_____及轴端挡圈等来进行轴上定位和固定。

（5）采用键连接时，为了加工方便，各轴段的键槽应设计_____，并应尽可能采用_____，以减少装夹次数和更换刀具。

（6）轴上需要磨削的轴段应有_____，轴上需要车削螺纹的轴段应有_____。

（7）用套筒螺母或轴端挡圈作轴向固定时，应使轴段的长度比轮毂的宽度_____。

（8）为了_____应力集中，轴的直径突然变化处应采用过渡圆弧连接。

（9）轴肩根部圆角半径应_____轴上零件轮毂孔的倒角或圆角半径。

（10）用弹性挡圈或紧定螺钉作轴向固定时，只能承受_____轴向力。

2. 选择题

（1）直轴按外形有_____等形式。

A. 心轴　　　　　　B. 转轴　　　　　　C. 传动轴　　　　　　D. 光轴和阶梯轴

（2）轴通常用_____制造。

A. 碳素钢　　　　　B. 球墨铸铁　　　　C. 铸铁　　　　　　　D. 铝合金

（3）通常使用_____使滚动轴承在轴上作轴向固定。

A. 轴端挡圈　　　　B. 轴肩　　　　　　C. 螺钉　　　　　　　D. 键连接

（4）要使齿轮、带轮等在轴上固定可靠并传递转矩，广泛使用的周向固定方法是_____。

A. 销连接　　　　　B. 键连接　　　　　C. 过盈配合连接　　　D. 花键连接

（5）轴上各轴段的轴向尺寸应_____与其相配合的轮毂、零件或部件的轴向尺寸。

A. =　　　　　　　　B. <　　　　　　　C. >　　　　　　　　D. 任意

（6）仅用以支承旋转零件而不传递动力，即只受弯曲而无扭矩作用的轴称为_____。

A. 心轴　　　　　　B. 转轴　　　　　　C. 传动轴　　　　　　D. 光轴

（7）工作时承受弯矩并传递扭矩的轴，称为_____。

A. 心轴　　　　　　B. 转轴　　　　　　C. 传动轴　　　　　　D. 光轴

（8）工作时以传递扭矩为主，不承受弯矩或弯矩很小的轴，称为_____。

A. 心轴　　　　　　B. 转轴　　　　　　C. 传动轴　　　　　　D. 阶梯轴

（9）与滚动轴承配合的轴段直径，必须符合滚动轴承的_____标准系列。

A. 内径　　　　　　B. 外径　　　　　　C. 宽度　　　　　　　D. 尺寸

（10）一般二级减速器的中间轴是_____。

A. 转轴　　　　　　B. 心轴　　　　　　C. 传动轴　　　　　　D. 光轴

（11）用强度计算或经验估算可确定阶梯轴的_____直径。

A. 平均　　　　　　B. 重要　　　　　　C. 最小　　　　　　　D. 最大

（12）为使零件轴向定位可靠，轴上的倒角或倒圆半径须_____轮毂孔的倒角或倒圆半径。

A. <　　　　　　　　B. =　　　　　　　C. >　　　　　　　　D. ≥

3. 判断题

(1) 传动轴就是用来传递动力。（   ）
(2) 心轴用来支承转动零件，只受弯曲作用，而不传递动力。（   ）
(3) 轴的制造材料用得最广泛的是 45 钢。（   ）
(4) 用简易计算确定的轴径是阶梯轴的最大轴径。（   ）
(5) 按轴的受力性质不同，轴可分为曲轴和直轴。（   ）
(6) 保证轴正常工作的基本条件之一是轴应具有足够的强度。（   ）
(7) 合金钢对应力集中较敏感，设计合金钢轴时更应注意从结构上避免应力集中。（   ）
(8) 合金钢的力学性能比碳素钢高，所以轴改用合金钢制造，可提高轴的刚度和强度。（   ）
(9) 用轴肩、轴环及轴套等可以实现轴上零件的周向固定。（   ）
(10) 轴上零件的轴向固定常用键或过盈配合的连接形式。（   ）
(11) 为了降低轴上的应力集中，轴上应制出退刀槽和越程槽。（   ）
(12) 一根轴不同轴段上的键槽尺寸应尽量统一，并排布在同一母线方向上。（   ）
(13) 把大尺寸直径布置在一端的阶梯轴是好的结构。（   ）
(14) 自行车的前轴是心轴。（   ）

4. 做一做

有一台离心式水泵，轴的输入功率为 $P = 5$ kW，轴的转速 $n = 970$ r/min，轴的材料为 45 钢，若轴的最小直径处有一个键槽，试确定该轴的最小直径。

任务 4.2　滑动轴承设计

一、学习导引

与滚动轴承相比，滑动轴承具有承载能力大、工作平稳可靠、噪声小、耐冲击、吸振、可以剖分等优点。因此，滑动轴承在燃气轮机、高速离心机、高速精密机床、内燃机、轧钢机、铁路机车及车辆、水轮机、仪表、化工机械、橡胶机械等方面有着较广泛的应用。学习滑动轴承设计要先认知滑动轴承的类型、结构特点、材料性能、润滑方法等。建议 3～5 人组成学习小组，充分利用网络教学资源完成下面的学习任务。

网站浏览

1. 解释滑动轴承的作用。
_____
_____

2. 了解滑动轴承的类型及结构特点。
_____
_____

3. 了解滑动轴承的润滑方法及润滑装置。
_____
_____

4. 了解轴瓦的结构和材料性能。

应知应会

滑动轴承按其所能承受的载荷方向的不同，可分为径向滑动轴承（承受径向载荷）和止推滑动轴承（承受轴向载荷）。根据润滑状态，滑动轴承可分为液体摩擦滑动轴承和非液体摩擦滑动轴承两类。前者润滑油膜将摩擦表面完全隔开，轴颈和轴瓦表面不发生直接接触；后者轴颈与轴瓦间的润滑油膜很薄，无法将摩擦表面完全隔开，局部金属直接接触，这种摩擦状态在一般滑动轴承中最常见。滑动轴承按其滑动表面间摩擦状态的不同，可分为干摩擦轴承、不完全油膜轴承（处于边界摩擦和混合摩擦状态）和流体膜轴承（处于流体摩擦状态）。根据流体膜轴承中流体膜形成原理的不同，又可分为流体（液体、气体）动压轴承和流体静压轴承。

资源浏览

1. 小组讨论，剖分式滑动轴承与整体式滑动轴承相比较有哪些优点？

2. 小组讨论，轴瓦上为何要开油孔和油槽？开油孔和油槽应注意哪些问题？

多学一手

滑动摩擦与润滑状态

根据摩擦面间存在润滑剂的情况，滑动摩擦可分为干摩擦、边界摩擦（边界润滑）、流体摩擦（流体润滑）及混合摩擦（混合润滑）。干摩擦是指表面间无任何润滑剂或保护膜的纯金属接触时的摩擦。在工程实际中，并不存在真正的干摩擦，因为任何零件的表面不仅会因氧化而形成氧化膜，而且多少也会被润滑油所湿润。在机械设计中，通常把这种未经人为润滑的摩擦状态当作"干"摩擦处理。当运动副的摩擦表面被吸附在表面的边界膜隔开，摩擦性质取决于边界膜和表面的吸附性能时的摩擦称为边界摩擦。当运动副的摩擦表面被流体膜隔开，摩擦性质取决于流体内部分子间黏性阻力时的摩擦称为流体摩擦，又称液体摩擦。当摩擦状态处于边界摩擦及流体摩擦的混合状态时的摩擦称为混合摩擦。边界摩擦、混合摩擦及流体摩擦都必须具备特定的润滑条件，所以相应的润滑状态也常分别称为边界润滑混合润滑及流体润滑。

集思广益

（1）小组长组织本任务的学习与考核，相互交流学习心得，写出问题答案。
（2）用书面的形式提交考核结果，小组集体预习下一学习任务。

1. 针对滑动轴承的主要失效形式，轴承材料的性能应着重满足哪些要求？

2. 径向滑动轴承分为哪几种？各有什么特点？

知识积累

工程实际中，对于工作要求不高、速度较低、载荷不大、难以维护等条件下工作的轴承，往往设计成不完全油膜滑动轴承。

不完全油膜滑动轴承工作时，轴颈与轴瓦表面间处于边界摩擦或混合摩擦状态，其主要的失效形式是磨粒磨损和黏附磨损。因此，防止失效的关键是在轴颈与轴瓦表面之间形成一层边界油膜，以避免轴瓦的过度磨粒磨损和轴承温度升高而引起的黏附磨损。目前对不完全油膜滑动轴承的设计计算主要是进行轴承压强 p、轴承压强与速度的乘积 p_v 值及轴承滑动速度 v 的验算，使其不超过轴承材料的许用值。此外，在设计液体动压滑动轴承时，由于其启动和制动阶段也处于边界摩擦或混合摩擦状态，因而也需要对轴承的 p、p_v、v 进行验算。

二、难点与重点点拨

本次学习任务的目标是了解滑动轴承的类型及结构特点；了解轴瓦的结构和材料性能。
了解滑动轴承的润滑方法及润滑装置；了解滑动轴承的设计计算。

学习重点：
- 滑动轴承的类型及结构特点；
- 了解轴瓦的结构和材料性能；
- 滑动轴承的润滑方法及润滑装置；
- 滑动轴承的设计计算。

学习难点：
- 滑动轴承的设计计算。

三、任务部署

阅读主体教材、自主学习手册等相关知识，参考教材网站或光盘，按照表 4-2-1 要求完成学习任务。

表 4-2-1　任务单　滑动轴承设计

任务名称	滑动轴承设计	学时		班级	
学生姓名		学生学号		任务成绩	
实训设备		实训场地		日期	
任务目的	□了解滑动轴承的类型及结构特点； □了解轴瓦的结构和材料性能； □了解滑动轴承的润滑方法及润滑装置； □了解滑动轴承的设计计算				
任务说明	一、任务要求 　　学会设计滑动轴承。 二、任务实施条件 　　1. 计算器、机械设计手册等； 　　2. 径向滑动轴承三维模型、拆装机器的工具等				

续表

任务名称	滑动轴承设计	学时		班级	
学生姓名		学生学号		任务成绩	
实训设备		实训场地		日期	
任务内容	设计一蜗轮轴的不完全油膜径向滑动轴承				
任务实施	一、选择并确定轴承的结构型式 二、选择轴瓦结构和轴承材料 三、确定轴承结构参数并计算轴承工作能力 四、选择润滑剂、润滑方法和润滑装置				
谈谈本次课的收获,写出学习体会,给任课教师提出建议					

四、任务考核

任务考核见表4-2-2。

表4-2-2 任务4.2考核表

任务名称:滑动轴承设计　　　　　　　　　　　专业_____ 20_____ 级____ 班
第_____ 小组　　　　　　　　　　　　　　　　姓名_____ 学号_____

	考核项目	分值/分	自评	备注
信息收集	信息收集方法	5		从主体教材、网站等多种途径获取知识,并掌握关键词学习法
	信息收集情况	5		基本掌握主体教材相关知识点
	团队合作	10		团队合作能力强
任务实施	认知滑动轴承	15		
	分析滑动轴承轴瓦的结构及材料	15		
	分析滑动轴承的润滑	20		
	设计滑动轴承	25		
	滑动轴承的安装与维护	5		
	小计	100		
	其他考核			

续表

考核人员	分值/分	评分	存在问题	解决办法
（指导）教师评价	100			
小组互评	100			
自评成绩	100			
总评	100		总评成绩＝指导教师评价×35％＋小组评价×25％＋自评成绩×40％	

越修越好

要使自己真正成为生活的强者，必须具有创造能力。包括：

（1）发现和解决问题的能力。把所学的理论知识运用于工作实际中，善于发现和解决实际问题。

（2）动手操作能力。这种能力主要表现为具有一定的文字、图表和计算机操作能力。

（3）组织管理能力。把工作岗位的人力、物力、财力、时间、信息等要素科学地组织起来并有效地完成所担负的任务。

五、任务拓展

（1）到实习工厂观察无心外圆磨床砂轮主轴的滑动轴承采用什么材料？轴承是什么型号？哪种类型？用什么润滑方式？采用什么样润滑油？

（2）列举工厂中滑动轴承的实际应用。（去工厂实习时注意观察）

六、技能鉴定辅导

能力目标

通过本任务的学习与训练，学生应该达到以下职业能力目标：
◆具有企业需要的基本职业道德和素质；
◆能够通过听课、查阅资料、检索及其他渠道收集资料和信息；
◆具有主动学习的能力、心态和行动；
◆分析滑动轴承的结构特点，了解滑动轴承分类。

自 我 提 升

1. 填空题

（1）根据支承处相对运动表面的摩擦性质，轴承分为_____轴承和_____轴承。

（2）径向滑动轴承的条件性计算主要是限制压强、_____和_____不超过许用值。

（3）非液体摩擦滑动轴承常见的失效形式为_____和_____。

（4）滑动轴承按照承受载荷的性质不同可分为_____轴承和_____轴承。

（5）剖分式轴承，它是由_____、_____及剖分的上、下轴瓦和连接螺栓等组成的。

（6）推力滑动轴承用于承受_____载荷。常用的_____轴承，又称为普通推力轴承。

（7）对轴承材料要求是：具有_____，良好的_____以及良好的_____性、耐腐蚀性和加工工艺性等。

（8）常用轴承材料有_____、_____和_____三大类。

项目四 支承件设计

（9）机械上常用的连续供油装置和方法有针阀式油杯供油、_____润滑、_____润滑和_____润滑。

（10）在不完全液体润滑滑动轴承设计中，限制 p 值的主要目的是_____；限制 p_v 值的主要目的是_____。

2. 判断题

（1）整体式滑动轴承装拆方便，轴颈与轴套的间隙也可以调整。（ ）
（2）推力滑动轴承用于承受轴向载荷。（ ）
（3）青铜的强度高，承载能力大，耐磨性和导热性都优于轴承合金。（ ）
（4）润滑油黏度随温度的升高而降低。（ ）
（5）高速旋转时，滑动轴承比滚动轴承使用寿命长，旋转精度高。（ ）
（6）润滑脂不宜用于高速传动的场合。（ ）
（7）非液体摩擦径向滑动轴承的主要失效形式是磨损和胶合。（ ）
（8）压力润滑即使在高速重载下也能获得良好的润滑效果。（ ）
（9）液体摩擦滑动轴承的负荷较大时则应选用较大的轴承间隙。（ ）

3. 选择题

（1）对滑动轴承的装配要求，主要是轴颈与轴承孔之间获得所需要的间隙和良好的接触，使轴在轴承中_____。
A. 运转平稳　　　B. 润滑良好　　　C. 可以运转　　　D. 游动

（2）整体式滑动轴承压入轴套当尺寸和_____时，可用手锤加垫板敲入。
A. 间隙　　　B. 过盈量较小　　　C. 重量小　　　D. 过盈量较大

（3）水平放置的剖分式轴承，轴瓦上的油槽应开于_____。
A. 上下轴瓦
B. 上半轴瓦
C. 下半轴瓦
D. 两半轴瓦的接合处

（4）润滑油最重要的一项物理性能指标为_____。
A. 油性　　　B. 黏度　　　C. 凝点　　　D. 闪点

（5）_____润滑方法适用于转速高、载荷大、要求润滑可靠的轴承。
A. 滴油　　　B. 油环　　　C. 飞溅　　　D. 压力

（6）对于中速、中载和温度较高的滑动轴承，宜选用_____作轴瓦或轴承衬的材料。
A. 灰铸铁　　　B. 铸青铜合金　　　C. 轴承合金　　　D. 粉末冶金材料

（7）承重载、高速的汽轮机转子轴颈的滑动轴承，应选_____作轴承衬的材料。
A. 铸锡青铜　　　B. 锡基轴承合金　　　C. 铅基轴承合金　　　D. 铸铅青铜

（8）为使润滑油匀布在整个轴颈上，并防止油流失，油沟应具有足够的长度，约为轴瓦长度的_____。
A. 70%　　　B. 60%　　　C. 80%　　　D. 90%

（9）滑动轴承稳定性好坏的根本原因是轴在轴承中的_____。
A. 位置　　　B. 活动范围　　　C. 旋转速度　　　D. 偏心距大小

（10）滑动轴承的效率和使用寿命主要决定于轴瓦和轴承衬材料的_____。
A. 减摩性、耐磨性
B. 加工性、跑合性
C. 导热性、耐腐蚀性
D. 耐磨性、耐腐蚀性

4. 做一做

试设计某机械一转轴上的非液体摩擦径向滑动轴承，已知轴颈为 55 mm，轴瓦宽度为 44 mm，轴颈的径向载荷为 24 200 N，轴的转速为 300 r/min。

任务 4.3　滚动轴承设计选用

一、学习导引

轴承是用来支承轴及轴上回转零件的零部件。根据工作时支承处相对运动表面摩擦性质的不同，轴承可分为滚动轴承和滑动轴承。

与常用的滑动轴承相比，滚动轴承具有摩擦阻力小、启动灵敏、使用维护方便、轴向尺寸小、互换性好等优点，在各类机械中广泛应用。其缺点是抗冲击能力差、工作时有噪声，工作寿命不及液体摩擦的滑动轴承。通常情况下，在滚动轴承和滑动轴承都满足使用要求时，宜优先选用滚动轴承。

滚动轴承的类型、尺寸、公差等级等已有国家标准，并实行了专业化生产。在一般机械设计中，主要是根据具体工作条件正确地选择轴承的类型和尺寸，并进行轴承组合结构设计。学习滚动轴承设计要先认知滚动轴承的类型、代号、选择、滚动轴承装置的设计等。建议3~5人组成学习小组，充分利用网络教学资源完成下面的学习任务。

网站浏览

1. 解释滚动轴承的基本构造。
   _____
   _____

2. 了解滚动轴承的类型及代号。
   _____
   _____

3. 了解滚动轴承的几个常用基本概念。
   _____
   _____

4. 了解滚动轴承的组合设计。
   _____
   _____

5. 了解滚动轴承的润滑和密封。
   _____
   _____

应知应会

滚动轴承的结构特性

（1）公称接触角：轴承外圈与滚动体接触处的公法线与垂直于轴承轴线的平面之间的夹角 α，称为滚动轴承的公称接触角（简称接触角）。

（2）游隙：轴承中的滚动体与内、外圈滚道之间的间隙，称为轴承的游隙。游隙分径向游隙和轴向游隙，其定义是：当轴承的一个套圈固定不动时，另一个套圈沿径向或轴向的最大移动量，称为轴承的径向游隙或轴向游隙。

（3）角偏位和偏位角：轴承内、外围轴心线间的相对倾斜称为角偏位。相对倾斜时两轴心线所夹锐角 θ 称为偏位角。

资源浏览

1. 小组讨论，要保证轴承顺利工作，除正确选择轴承的类型和尺寸外，应如何合理地进行轴承的组合设计。

_____

_____

2. 小组讨论，为什么采用角接触轴承时要成对布置。

_____

_____

多学一手

滚动轴承的当量动载荷

基本额定动载荷分径向基本额定动载荷和轴向基本额定动载荷。当轴承既承受径向载荷又承受轴向载荷时，为能应用额定动载荷值进行轴承的寿命计算，就必须将轴承承受的实际工作载荷转化为一假想载荷——当量动载荷。对向心轴承而言，当量动载荷是径向当量动载荷；对推力轴承而言，当量动载荷是轴向当量动载荷。在当量动载荷的作用下，滚动轴承具有与实际载荷作用下相同的寿命。

集思广益

（1）小组长组织本任务的学习与考核，相互交流学习心得，写出问题答案。
（2）用书面的形式提交考核结果，小组集体预习下一学习任务。

1. 滚动轴承支承的结构形式有哪几种固定方式？各适用于什么场合？

_____

_____

2. 滚动轴承润滑和密封的目的是什么？

_____

_____

_____

知识积累

滚动轴承的配合选用

滚动轴承的配合是指内圈与轴颈、外圈与轴承座孔的配合。由于滚动轴承是标准件，故轴承内孔与轴的配合采用基孔制，轴承外径与轴承座孔的配合采用基轴制。国家标准规定，0、6、5、4、2各公差等级的轴承的内径和外径的公差带均为单向制，而且统一采用上偏差为零、下偏差为负值的分布。详细内容见有关标准。

轴承配合种类的选取，应根据轴承的类型和尺寸、载荷的大小和方向、载荷的性质和使用条件等情况来决定。一般来说，当工作载荷的方向不变时，转动圈应比不动圈的配合紧些。当转速越高、载荷越大和振动越强烈时，则应选用越紧的配合。经常装拆的轴承，要选间隙配合或过渡配合，以便于装拆。对游动支承，轴承与机座孔间选间隙配合，如外圈承受旋转载荷，则不宜采用间隙配合，可考虑选用圆柱滚子轴承。剖分式轴承座，外圈不宜采用过盈配合。

二、难点与重点点拨

本次学习任务的目标是了解滚动轴承的作用、类型及结构特点；熟悉滚动轴承的代号；了解滚动轴承的润滑和密封；掌握滚动轴承类型的选择及计算。

学习重点：
- 滚动轴承的类型及代号；
- 滚动轴承的应用；
- 滚动轴承的组合设计；
- 滚动轴承的选择及计算。

学习难点：
- 滚动轴承的选择及计算。

三、任务部署

阅读主体教材、自主学习手册等相关知识，参考教材网站或光盘，按照表4–3–1要求完成学习任务。

表4–3–1　任务单　滚动轴承设计

任务名称	滚动轴承设计	学时		班级	
学生姓名		学生学号		任务成绩	
实训设备		实训场地		日期	
任务目的	□了解滚动轴承的类型及结构特点； □了解滚动轴承的代号； □了解滚动轴承类型的选择； □了解滚动轴承的润滑与密封； □掌握滚动轴承的选择及计算				
任务说明	一、任务要求 　　学会设计滚动轴承。 二、任务实施条件 　1. 计算器、机械设计手册等； 　2. 滚动轴承三维模型，拆装机器的工具等				
任务内容	设计齿轮减速器高速轴用的滚动轴承				
任务实施	一、根据轴承使用要求和工作条件，确定轴承的类型 二、求滚动轴承的当量动载荷 三、计算所需额定动载荷 四、确定选用轴承的型号				
谈谈本次课的收获，写出学习体会，给任课教师提出建议					

四、任务考核

任务考核见表 4-3-2。

表 4-3-2　任务 4.3 考核表

任务名称：滚动轴承设计　　　　　　　　　　　　专业_____20____级____班
第_____小组　　　　　　　　　　　　　　　　　　姓名_____学号_____

考核项目		分值/分	自评	备 注
信息收集	信息收集方法	5		从主体教材、网站等多种途径获取知识，并掌握关键词学习法
	信息收集情况	5		基本掌握主体教材相关知识点
	团队合作	10		团队合作能力强
任务实施	认知滚动轴承	15		
	分析滚动轴承的基本结构	15		
	滚动轴承的类型代号	20		
	滚动轴承的选择计算	25		
	滚动轴承的润滑与密封	5		
小计		100		

其他考核				
考核人员	分值/分	评分	存在问题	解决办法
（指导）教师评价	100			
小组互评	100			
自评成绩	100			
总评	100		总评成绩=指导教师评价×35%+小组评价×25%+自评成绩×40%	

越修越好

大学生应具备的能力：

（1）生存能力：大学生要能在任何环境中都能生存下去，然后再去追求更高的目标并完成所担负的任务。

（2）语言表达能力：掌握一定的就业技巧，善于利用市场信息，善于在市场中推销自己。

（3）要注意小节、细节：教养体现在细节，细节展现素质，以及一个人的态度、世界观、价值观、习惯及与工作有关的一些能力。

五、任务拓展

1. 到实习工厂观察 C6140 车床主轴的滚动轴承采用什么材料？轴承是什么型号？哪种类型？用什么润滑方式？采用什么样的润滑油？

2. 观察牛头刨床传动机构是怎样润滑的。

六、技能鉴定辅导

能力目标

通过本任务的学习与训练，学生应该达到以下职业能力目标：
◆ 具有企业需要的基本职业道德和素质；
◆ 能够通过听课、查阅资料、检索及其他渠道收集资料和信息；
◆ 具有主动学习的能力、心态和行动；
◆ 分析滚动轴承的结构特点，了解滚动轴承分类。

自 我 提 升

1. 填空题

（1）由于滚动轴承具有_____高、_____灵敏等优点，故在机械设备中得到了广泛的应用。

（2）滚动轴承一般由_____、_____、_____和保持架组成。

（3）按照承受载荷的方向或公称接触角的不同，滚动轴承可分为_____轴承和_____轴承。

（4）滚动轴承的失效形式主要有三种：_____、_____和磨损。

（5）轴承组合位置调整的目的，是使_____的工作位置。

（6）在一般情况下，滚动轴承的内圈与轴一起转动，轴承内圈孔与轴的配合采用_____制，轴承外圈与轴承座孔的配合则采用_____制。

（7）滚动轴承润滑的主要目的是降低_____和_____，同时也有吸振、冷却、防锈和密封的作用。

（8）滚动轴承的公称接触角实质上是承受轴向载荷能力的标志，公称接触角越大，轴承承受轴向载荷的能力_____。

（9）滚动轴承的代号由_____代号、_____代号和_____代号构成。其中_____代号是轴承代号的核心，它表示滚动轴承的_____、_____和_____；基本代号由_____代号、_____代号和_____代号构成。

（10）滚动轴承 2212 表示为_____，内径是_____的_____类轴承，其精度等级_____。

2. 选择题

（1）应选用_____等具有较高的硬度、疲劳强度、耐磨性和冲击韧性的材料制造滚动轴承的滚动体和内、外圈。
A. 45 钢　　　　　　B. 15 钢　　　　　　C. 40Cr 钢　　　　　　D. GCr15 钢

（2）深沟球轴承的类型代号为_____。
A. 1　　　　　　　　B. 3　　　　　　　　C. 5　　　　　　　　D. 6

（3）当载荷较大或有冲击载荷时，宜用_____。
A. 调心轴承　　　　B. 深沟球轴承　　　C. 圆锥滚子轴承　　D. 推力球轴承

（4）对于转动的滚动轴承，其滚动体和滚道发生_____是主要失效形式。
A. 疲劳点蚀　　　　B. 胶合　　　　　　C. 塑性变形　　　　D. 磨粒磨损

（5）中速旋转的正常润滑密封的滚动轴承的失效形式是_____。

A. 滚动体碎裂 　　　　　　　　　　　　B. 滚动体与滚道产生疲劳点蚀
C. 滚道磨损 　　　　　　　　　　　　　D. 滚道压坏

（6）滚动轴承组合中，轴的轴向定位与调整主要是通过控制轴承_____来实现的。

A. 内圈 　　　　B. 外圈 　　　　C. 保持架 　　　　D. 滚动体

（7）只能承受径向载荷而不能承受轴向载荷的滚动轴承是_____。

A. 深沟球轴承 　　　　　　　　　　　　B. 推力球轴承
C. 角接触球轴承 　　　　　　　　　　　D. 圆柱滚子轴承

（8）在静载荷或冲击载荷作用下的滚动轴承，其主要失效形式是_____。

A. 疲劳点蚀 　　　B. 磨损 　　　C. 塑性变形 　　　D. 保持架破裂

（9）_____的内、外圈可分离，便于装拆。

A. 推力球轴承 　　B. 深沟球轴承 　　C. 圆柱滚子轴承 　　D. 角接触球轴承

（10）代号为 30310 的单列圆锥滚动子轴承的内径为_____。

A. 10 mm 　　　B. 100 mm 　　　C. 50 mm 　　　D. 10 mm

3. 判断题

（1）滚动轴承滚动体在内、外圈滚道上滑动形成了滚动摩擦。　　　　　　　　（　　）

（2）滚子轴承较适合于载荷较大或有冲击的场合。　　　　　　　　　　　　　（　　）

（3）一般情况下，滚动轴承内圈与轴颈宜选择较松的配合，外圈与座孔宜选择较紧的配合。
　　　　　　　　　　　　　　　　　　　　　　　　　　　　　　　　　　　（　　）

（4）由于滚动轴承已标准化，故其各项性能指标均优于滑动轴承。　　　　　　（　　）

（5）选用调心轴承时必须在轴的两端成对使用。　　　　　　　　　　　　　　（　　）

（6）滚动轴承的公称接触角越大，轴承承受径向载荷的能力就越大。　　　　　（　　）

（7）一个滚动轴承的额定动载荷是指该型号轴承的寿命为 10 r 时所能承受的载荷。（　　）

（8）滚动轴承的基本额定动载荷值 C 越大，则轴承的承载能力越高。　　　　（　　）

（9）滚动轴承宜用于转速较低的轴上。　　　　　　　　　　　　　　　　　　（　　）

4. 做一做

某减速器采用 6308 深沟球轴承。已知轴承的径向载荷 $F_R = 5\ 000$ N，轴向载荷 $F_A = 2\ 500$ N，转速 $n = 1\ 250$ r/min，预期寿命 $L_h' = 5\ 000$ h。验算该轴承是否合适。

项目五　连接零件设计

为了便于机器的制造、装配、修理和运输,根据结构的需要在机器上广泛使用着各种连接,将零件接合在一起。熟悉各种连接方法和有关连接件的结构特点、应用场合,掌握正确选择连接的方法及其设计计算,对每一个机械设计人员来说是非常必要的。图 5-1 所示为螺纹连接。

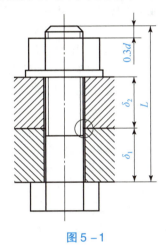

图 5-1

任务 5.1　螺纹连接设计选用

一、学习导引

螺纹连接是利用螺纹零件构成的连接,属于可拆连接。设计螺纹连接时,除应考虑强度和经济性等基本问题外,还应满足紧密型、刚度和定心等方面的要求。本任务是针对如何选择合理的螺纹连接方式、结构以及确定螺纹连接尺寸而进行讲述的。建议 3~5 人组成学习小组,充分利用网络教学资源完成下面的学习任务。

网站浏览

1. 解释螺纹形成的过程。
_____
_____

2. 了解螺纹与螺纹连接的含义。
_____
_____

3. 螺纹按牙型分有哪几种？各用在什么场合？

4. 普通螺栓和铰制孔用螺栓各是怎样受力的？

应知应会

螺纹的主要参数：

（1）大径 d：与外螺纹的牙顶或内螺纹牙底相重合的假想圆柱体的直径，是螺纹的最大直径。在螺纹的标准中称为公称直径。

（2）小径 d_1：与外螺纹的牙底或内螺纹的牙顶相重合的假想圆柱体的直径，是螺纹的最小直径，常作为强度计算直径。

（3）中径 d_2：在螺纹的轴向剖面内，牙厚和牙槽宽相等处的假想圆柱体的直径。

（4）螺距 p：螺纹相邻两牙在中径线上对应两点间的轴向距离。

（5）导程 s：同一条螺旋线上相邻两牙在中径线上对应两点间的轴向距离。设螺纹线数为 n，对于单线螺纹则有 $s=p$，对于多线螺纹则有 $s=np$。

（6）升角 ψ：在中径 d_2 的圆柱面上，螺旋线的切线与垂直于螺纹轴线平面间的夹角。

（7）牙型角 α、牙型斜角 β：在螺纹的轴向剖面内，螺纹牙型相邻两侧边的夹角称为牙型角 α。

资源浏览

1. 小组讨论，螺纹连接的基本形式有哪几种，各适用于何种场合，有何特点。

2. 为什么螺纹连接通常要采用防松措施？常用的防松方法和装置有哪些？

3. 小组讨论，被连接件受横向载荷时，螺栓是否一定受到剪切力。

4. 常见的螺纹失效形式有哪几种？失效发生的部位通常在何处？
（该内容是螺栓连接设计的重要参考因素）

5. 小组讨论，松螺栓连接和紧螺栓连接的区别何在，它们的强度计算有何区别。

多学一手

提高螺栓连接强度的措施：
（1）改善螺纹牙间的载荷分布；

(2) 减少螺栓的应力变化幅度;
(3) 减小应力集中;
(4) 避免减小附加应力。

集思广益
(1) 小组长组织本任务的学习与考核,相互交流学习心得,写出问题答案。
(2) 用书面的形式提交考核结果,小组集体预习下一学习任务。

1. 螺栓连接的强度计算要考虑哪些方面的因素?(从螺栓连接的失效、受力方面入手)。
_____
_____

2. 螺纹连接形式不同,受力分析不同,试分析紧螺栓连接的受力情况。
_____
_____

知识积累

各螺纹的标准方式见表 5–1–1。

表 5–1–1

螺纹种类		标注方式	标注图例	说 明
普通螺纹单线	粗牙	M12–5g6g 顶径公差带代号 中径公差带代号 螺纹大径	M20LH–5g6g	1. 螺纹的标记应注在大径的尺寸线或注在其引出线上。 2. 粗牙螺纹不标注螺距,细牙螺纹标注螺距
	细牙	M12×1.5–5g6g 螺距	M12×1.5–5g6g	
管螺纹单线	非螺纹密封的管螺纹	非螺纹密封的内管螺纹标记:G1/2 内螺纹公差只有一种,不标注	G1/2	1. 右边的数字为尺寸代号,即管子内通径,单位为英寸(in)。管螺纹的直径需查其标准确定。尺寸代号采用小一号的数字书写。 2. 在图上从螺纹大径画指引线并进行标注
		非螺纹密封的外管螺纹标记:G1/2A 外螺纹公差分 A、B 两级,需标注	G1/2A ϕ_a	

项目五 连接零件设计 | 91

续表

螺纹种类		标注方式	标注图例	
梯形螺纹	单线	Tr48×8-7e └中径公差带代号	Tr40×14(P7)-6e	1. 单线螺纹只注螺距，多线螺纹注导程、螺距。 2. 旋合长度分为中等（N）和长（L）两组，中等旋合长度可以不标注
	多线	Tr40×14(P7)LH-7e └旋向 └螺距 └导程		

二、难点与重点点拨

本次学习任务的目标是掌握螺纹的主要参数、类型及特点；了解螺纹连接的基本类型及特点；掌握螺纹连接的预紧与防松办法；掌握单个螺栓连接的强度计算，以及螺栓组连接的结构设计和受力分析。

学习重点：
- 螺纹连接的基本类型；
- 螺纹连接预紧；
- 螺纹连接防松；
- 单个螺栓连接设计。

学习难点：
- 螺栓连接设计受力分析。

三、任务部署

阅读主体教材、自主学习手册等相关知识，参考教材网站或光盘，按照表5-1-2要求完成学习任务。

表5-1-2 任务单 螺纹连接设计

任务名称	螺纹连接设计	学时		班级	
学生姓名		学生学号		任务成绩	
实训设备		实训场地		日期	
任务目的	□了解螺纹连接的功用、类型及应用特点； □掌握螺纹连接的受力分析； □了解螺纹连接设计的基本原则、设计步骤及注意事项； □掌握螺纹连接的预紧与防松以及其强度计算				
任务说明	一、任务要求 一凸缘联轴器，凸缘间用铰制孔用螺栓连接，螺栓数目 $z=6$，螺杆无螺纹部分直径 $d=17$ mm，材料为35钢，两个半联轴器材料为铸铁，试计算联轴器能传递的转矩。如果传递同样大的转矩，而采用普通螺栓连接，试设计该螺栓连接。 二、任务实施条件 1. 机械设计手册； 2. 带式输送机、凸缘联轴器实物和三维模型，拆装机器的工具等				

续表

任务名称	螺纹连接设计	学时		班级	
学生姓名		学生学号		任务成绩	
实训设备		实训场地		日期	
任务内容		螺纹连接设计			
任务实施	一、写出螺杆截面上的拉应力和扭转剪切应力计算公式 二、螺栓强度的计算				
谈谈本次课的收获，写出学习体会，给任课教师提出建议					

四、任务考核

任务考核见表5-1-3。

表5-1-3 任务5.1考核表

任务名称：螺纹连接设计　　　　　　　　　　专业＿＿＿＿20＿＿级＿＿班
第＿＿＿＿小组　　　　　　　　　　　　　　姓名＿＿＿＿学号＿＿＿＿

	考核项目	分值/分	自评	备注
信息收集	信息收集方法	5		从主体教材、网站等多种途径获取知识，并掌握关键词学习法
	信息收集情况	5		基本掌握主体教材相关知识点
	团队合作	10		团队合作能力强
任务实施	分析螺纹连接类型	10		
	分析螺纹连接设计因素	10		
	螺纹连接失效形式分析	15		
	紧螺栓连接的受力分析	15		
	松螺栓连接的受力分析	15		
	螺纹连接参数选择	15		
	小计	100		
其他考核				

考核人员	分值/分	评分	存在问题	解决办法
（指导）教师评价	100			
小组互评	100			

续表

考核人员	分值/分	评分	存在问题	解决办法
自评成绩	100			
总评	100		总评成绩 = 指导教师评价×35% + 小组评价×25% + 自评成绩×40%	

越修越好

素养体现在职场上的就是职业素养,体现在生活中的就是个人素质或者道德修养。职业素养是指职业内在的规范、要求以及提升,是在职业过程中表现出来的综合品质,包含职业道德、职业技能、职业行为、职业作风和职业意识规范;时间管理能力提升、有效沟通能力提升、团队协作能力提升、敬业精神、团队精神;还有重要的一点就是个人的价值观和公司的价值观能够衔接。

五、任务拓展

如图 5–1–1 所示,起重吊钩最大起重量 $F = 20\ 000$ N,螺栓由 Q235 钢制成,试确定螺纹直径。

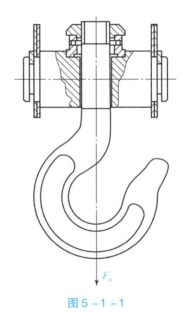

图 5–1–1

六、技能鉴定辅导

能力目标

通过本任务的学习与训练,学生应该达到以下职业能力目标:
◆ 具有企业需要的基本职业道德和素质;
◆ 能够通过听课、查阅资料、检索及其他渠道收集资料和信息;
◆ 具有主动学习的能力、心态和行动;
◆ 分析单个螺栓连接强度;
◆ 分析螺栓组连接受力情况。

自 我 提 升

1. 填空题

（1）常用螺纹的牙型有_____、_____、梯形和锯齿形等，其中_____螺纹主要用于连接，其余则多用于传动。

（2）非矩形螺纹的自锁条件是：_____。

（3）普通螺纹的公称直径是指_____；管螺纹的公称直径是指螺纹的_____，分为_____和_____两类。

（4）普通螺纹的完整标记由_____、_____和_____所组成。

（5）螺纹连接有_____、_____、_____和紧定螺钉连接四种基本类型。

（6）螺纹连接的拧紧力矩包括_____和_____两项。

（7）对重要的有强度要求的螺栓连接，如无控制拧紧力矩的措施，不宜采用小于_____的螺栓。

（8）防松的根本问题是：_____。

（9）螺纹连接的防松有_____防松、_____防松和永久性防松。

（10）普通螺栓连接，其螺栓直径一般都_____被连接件上的孔径，而铰制孔螺栓连接，其螺栓直径都_____被连接件的孔径。

（11）在有冲击负荷作用或振动场合，螺纹连接应采用_____装置。

（12）螺栓的主要失效形式有：_____；_____；经常装拆时会因磨损而发生_____现象。

（13）一般条件下螺纹连接件的常用材料为_____钢和_____钢；受冲击、振动和变载荷作用的螺纹连接件可采用_____钢。

（14）螺纹连接在承受轴向载荷时，其损坏形式大多发生在应力集中较严重的部位，即螺栓_____、螺纹_____和螺母_____面处。

2. 选择题

（1）螺栓连接是一种_____。

A. 可拆连接

B. 具有防松装置的为不可拆连接，否则为可拆连接

C. 不可拆零件

D. 具有自锁性能的为不可拆连接，否则为可拆连接

（2）_____不能作为螺栓连接的优点。

A. 装拆方便   C. 在变载荷下也具有很高的疲劳强度

B. 连接可靠   D. 多数零件已标准化，生产率高，成本低廉

（3）螺纹公差带的位置由_____确定。

A. 上偏差   B. 下偏差   C. 基本偏差   D. 极限偏差

（4）螺纹旋合长度分三组，相应的代号为_____。

A. S、U、N   B. S、N、L   C. N、L、G   D. S、G、L

（5）串联钢丝防松装置适用于_____。

A. 较平稳场合   B. 不经常装拆场合

C. 变载振动处   D. 紧凑的成组螺纹连接

（6）弹簧垫圈防松装置一般用于_____场合。

A. 较平稳   B. 不经常拆装

项目五　连接零件设计　95

C. 变载振动   D. 紧凑的成组螺纹连接

(7) 锁紧螺母防松装置一般用于_____场合。
A. 低速重载   B. 不经常拆装   C. 变载震动   D. 紧凑成组螺纹连接

(8) 螺纹按用途可分为_____螺纹两大类。
A. 左旋和右旋   B. 外和内   C. 连接和传动   D. 三角形和梯形

(9) 标准管螺纹的牙型角为_____。
A. 60°   B. 55°   C. 33°   D. 30°

(10) 单线螺纹的直径为：大径 $d=20$ mm，中径 $d_2=18.37$ mm，小径 $d_1=17.294$ mm，螺距 $p=2.5$ mm，则螺纹的升角 Ψ 为_____。
A. 4.55°   B. 4.95°   C. 5.2°   D. 2.48°

(11) _____螺纹用于连接。
A. 三角形   B. 梯形   C. 矩形   D. 锯齿形

(12) 用于连接的螺纹牙形为三角形，这是因为其_____。
A. 螺纹强度高
B. 传动效率高
C. 螺纹副的摩擦属于楔面摩擦，摩擦力大，自锁性好
D. 防振性能好

(13) 相同公称尺寸的三角形细牙螺纹和粗牙螺纹相比，因细牙螺纹的螺距小、内径大，故细牙螺纹_____。
A. 自锁性好、强度低   C. 自锁性好、强度高
B. 自锁性差、强度高   D. 自锁性差、强度低

(14) 在用于传动的几种螺纹中，矩形螺纹的优点是_____。
A. 不会自锁   B. 制造方便   C. 传动效率高   D. 强度较高

(15) 梯形螺纹和其他几种用于传动的螺纹相比较，其优点是_____。
A. 传动效率较其他螺纹高   B. 获得自锁的可能性大
C. 较易精确制造   D. 螺旋副对中好，牙根强度高

(16) 当被连接件之一很厚，连接需常拆装时，采用_____连接。
A. 双头螺柱   B. 螺钉   C. 紧定螺钉   D. 螺栓

(17) 当两个被连接件不太厚，不宜制成通孔，且连接不需要经常拆装时，往往采用_____。
A. 螺栓连接   B. 螺钉连接   C. 双头螺柱连接   D. 紧定螺钉连接

(18) 普通螺纹连接的强度计算，主要是计算_____。
A. 螺杆在螺纹部分的拉伸强度   B. 螺纹根部的弯曲强度
B. 螺纹工作表面的挤压强度   C. 螺纹的剪切强度

(19) 普通螺栓连接中的松连接和紧连接之间的主要区别是：松连接的螺纹部分不承受_____。
A. 拉伸作用   B. 扭转作用   C. 剪切作用   D. 弯曲作用

(20) 受横向载荷的铰制孔螺栓所受的载荷是_____。
A. 工作载荷   B. 预紧力
C. 工作载荷 + 预紧力   D. 工作载荷 + 螺纹力矩

(21) 为了改善纹牙上的载荷分布，通常均通过_____的方法来实现。
A. 采用双螺母   B. 采用加高螺母
C. 采用减薄螺母   D. 减少螺栓和螺母刚度变化差

(22)螺纹副中一个零件相对于另一个转过一转时,它们沿轴线方向相对移动的距离是_____。
A. 线数×螺距　　　B. 一个螺距　　　C. 线数×导程　　　D. 导程/线数

3. 判断题

(1)螺纹轴线铅垂放置,若螺旋线左高右低,则可判断为右旋螺纹。　　　　　(　　)
(2)细牙螺纹 M20×2 与 M20×1 相比,后者中径较大。　　　　　　　　　(　　)
(3)直径与螺距都相等的单头螺纹和双头螺纹相比,前者较易松脱。　　　　(　　)
(4)拆卸双头螺柱连接,不必卸下外螺纹件。　　　　　　　　　　　　　　(　　)
(5)螺纹连接属机械静连接。　　　　　　　　　　　　　　　　　　　　　(　　)
(6)弹簧垫圈和对顶螺母都属于机械防松。　　　　　　　　　　　　　　　(　　)
(7)双头螺柱在装配时,要把螺纹较长的一端旋紧在被连接件的螺孔内。　　(　　)
(8)机床上的丝杠及螺旋千斤顶等螺纹都是矩形的。　　　　　　　　　　　(　　)
(9)用冲点法防松时,螺栓与螺母接触边缘的螺纹被冲变形,这种连接属于不可拆连接。(　　)
(10)螺栓与螺母的旋合圈数越多,同时受载的螺纹圈数就越多,这可提高螺纹的承载能力,故如果结构允许,螺母的厚度越大越好。　　　　　　　　　　　　　　　　　(　　)
(11)在机械制造中广泛采用的是左旋螺纹。　　　　　　　　　　　　　　(　　)
(12)普通细牙螺纹的螺距和升角均小于粗牙螺纹,较适用于精密传动。　　(　　)

4. 名词和符号解释

(1)螺距。

(2)导程。

(3)牙型角。

(4)M24×2—6H。

(5)M30×1.5—5g6g。

(6)Tr52×16(P8)—7H/7e。

(7)Rc1/4。

(8)G3/4。

任务 5.2　键连接设计选用

一、学习导引

键是标准零件,常用的键连接类型有两大类:一是平键和半圆键构成松键连接;二是楔键和切向键构成紧键连接。设计时应根据工作条件和各类键的应用特点选择键的类型和键的尺寸,必要时还应对键进行强度校核。

建议 3~5 人组成学习小组,充分利用网络教学资源完成下面的学习任务。

网站冲浪

1. 减速器中的键连接，一般用的是什么类型的键？起什么作用？为什么这样选用？分析其连接特点。

___

2. 减速器的销连接起什么作用？有什么特点？

___

3. 键连接的应用场合。

___

3. 小组讨论，键连接的失效形式有哪些。

___

4. 学习主体教材相关内容，做出键连接受力分析（结合工程力学知识）。

___

资源浏览

1. 小组讨论并查阅相关资料，确定各种类型的键，并进行标记。

___

2. 键连接的选择依据是什么？

___

3. 写出图 5-2-1 所示各平键的标记。

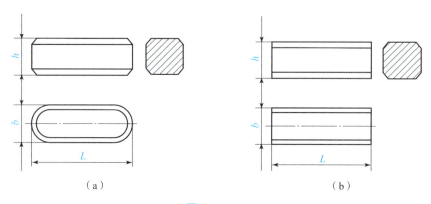

图 5-2-1

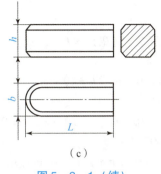

(c)

图5-2-1（续）

应知应会

平键连接时其上表面与轮毂的底槽间留有间隙。工作前没有预紧力，工作时靠键与键槽侧面的挤压传递运动和转矩，因而键的两侧面为工作平面。这种连接只能用作轴上零件的周向固定。

平键连接具有结构简单、装拆方便、对中性好等优点，因此是键连接中应用最广泛的一种。

根据用途不同，平键可分为普通平键、导向平键和滑键等。

普通平键用于静连接，按结构不同分为圆头（A型）、平头（B型）和单圆头（C型）三种。A型键应用较广，轴上的键槽用指状铣刀铣出，键在键槽中固定较好，但键的圆头部分侧面与轮毂上的键槽并不接触，因而键的圆头部分不能充分利用，而且键槽两端会产生较大的应力集中。平头平键轴上的键槽是用盘状铣刀铣出的，避免了上述缺点。对于尺寸较大的键，为防止松动，可用紧定螺钉加以固定。C型键一般用于轴端，导向平键和滑键用于传动零件在工作时需要做轴向移动的场合。

导向平键的特点是键较长，通常用螺钉固定在键槽中，轮毂可沿键的表面滑动。为了便于拆卸，在键的中部制出起键螺钉孔。当被连接件滑移的距离较大时，宜采用滑键。滑键固定在轮毂上，与轮毂同时在轴上的键槽中做轴向移动。

平键是标准件，其剖面尺寸（键宽b×键高h）按轴径d从有关标准中选定，键长L应略小于轮毂长度并符合标准系列。

多学一手

半圆键连接也是用侧面实现周向固定和传递转矩的，因此与平键一样具有对中性好、制造容易和装拆方便等优点。另外，键在轴槽中能绕自身几何中心沿槽底圆弧摆动，因而能自动适应轮毂键槽底面的倾斜。其缺点是键槽较深，削弱了轴的强度，一般用于轻载场合的连接，特别适用于锥形轴与轮毂的连接。

楔键分普通楔键和钩头楔键两种，键的上下表面为工作面，上表面相对于下表面有1∶100的斜度，轮毂槽底面相应也有1∶100的斜度。装配时需将键打入轴与轮毂的键槽内，工作时依靠键与轴及轮毂的槽底之间、轴与毂孔之间的摩擦力传递转矩，并能使零件承受单方向的轴向力。由于键侧面为非工作面，因此楔键连接对中性能差，在冲击、振动或变载荷作用下容易发生松脱。楔键连接常用于精度要求不高、转速较低、承受单向轴向载荷的场合。钩头楔键用于不能从另一端将键打出的场合，钩头供拆卸用，应注意加以保护。

应知应会

普通平键的标记为：键（型号）b（键宽）×L（键长）　　　国家标准。

标记示例：

（1）圆头普通平键（A型），$b = 16$ mm，$h = 10$ mm，$L = 90$ mm：

键 16×90　　GB/T 1096—2003

（2）方头普通平键（B型），$b = 16$ mm，$h = 10$ mm，$L = 90$ mm：

键 B16×90　　GB/T 1096—2003

（3）单圆头普通平键（C型），$b = 16$ mm，$h = 10$ mm，$L = 90$ mm：

键 C16×90　　GB/T 1096—2003

上述标记示例中，A型平键可以省略标记字母A。

集思广益

（1）小组长组织本项目的学习与考核，相互交流学习心得，写出问题答案。

（2）用书面的形式提交考核结果，小组集体预习下一学习任务。

1. 小组讨论，花键连接的应用有哪些。

2. 举例说明平键连接和花键连接的区别。

知识积累

根据键齿的形状不同，常用的花键分为矩形花键和渐开线花键两类。

矩形花键加工容易，得到广泛应用。矩形花键连接的定心方式有三种：小径定心、大径定心和齿侧定心。其中因内花键的小径可用内磨床加工，外花键的小径可由专用花键磨床加工，因而定心精度较高。

渐开线花键的键齿采用压力角为30°的渐开线齿形，齿根较厚，强度高，承载能力大，加工工艺与齿轮相同，通常采用齿侧定心方式，也可采用大径定心方式。渐开线花键连接常用于载荷较大、定心精度要求较高的连接。

花键已标准化，其标记为：N（键数）$\times d$（小径）$\times D$（大径）$\times B$（键宽）。

花键的选用方法和强度验算方法与平键连接相类似，可参见有关的机械设计手册。

二、难点与重点点拨

本次学习任务的目标是了解键连接功能、分类；掌握键连接结构形式；掌握键的选择原则；掌握键连接强度计算。

学习重点：

● 了解键连接功能、分类；

● 掌握键连接的结构形式；

- 掌握键的选择原则;
- 掌握键连接的强度计算。

学习难点:
- 键连接的强度计算。

三、任务部署

阅读主体教材、自主学习手册等相关知识,按照表 5-2-1 要求完成学习任务。

表 5-2-1　任务单　键连接的设计

任务名称	减速器中键连接的设计	学时		班级	
学生姓名		学生学号		任务成绩	
实训设备		实训场地		日期	
任务目的	学会对键连接进行设计选用					
任务说明	一、任务要求 已知减速器中直齿圆柱齿轮安装在轴的两个支承点间,齿轮和轴的材料都是锻钢,用键构成静连接。 二、任务实施条件 1. 计算器、机械设计手册等绘图工具。 2. A4 图纸 1 张、减速器的三维模型				
任务内容	齿轮与轴的配合所用的是普通平键连接,试设计此键连接并校核键的强度。已知 $d=45$ mm,齿轮轮毂宽度 $B=60$ mm,传递的转矩 $T=272\ 857$ N,载荷有轻微冲击				
任务实施	一、选择键连接的类型 二、初选键的尺寸 三、校核键的强度 (1) 许用挤压应力。 (2) 键的工作长度。 四、键的挤压应力				
谈谈本次课的收获,写出学习体会,给任课教师提出建议					

四、任务考核

任务考核见表 5-2-2。

表 5-2-2　任务 5.2 考核表

任务名称：键连接的设计　　　　　　　　　　　　　专业_____ 20_____级_____班
第_____小组　　　　　　　　　　　　　　　　　　姓名_____学号_____

考核项目		分值/分	自评	备　注
信息收集	信息收集方法	5		从主体教材、网站等多种途径获取知识，并能基本掌握关键词学习法
	信息收集情况	10		基本掌握主体教材相关知识点
	团队合作	10		团队合作能力强
任务实施	任务描述	10		不合理扣除 3 分
	减速器中键连接受力分析	15		每答错一题扣除 2 分
	选择减速器键连接尺寸	10		不合理扣除 2 分
	选择减速器键连接的类型	15		不合理扣除 2 分
	校核减速器键连接的强度	10		步骤不规范扣除 3 分
	校核键的长度尺寸	10		
文明生产	工作保持环境整洁、设计习惯良好	5		不规范扣除 5 分
小计		100		
其他考核				
考核人员	分值/分	评分	存在问题	解决办法
（指导）教师评价	100			
小组互评	100			
自评成绩	100			
总评	100		总评成绩 = 指导教师评价×35% + 小组评价×25% + 自评成绩×40%	

越修越好

职业素养提升内容第四部分、员工职业素养的团队意识：

（1）团队是个人职业成功的前提；
（2）个人因为团队而更加强大；
（3）面对问题要学会借力与合作；
（4）帮助别人就是帮助自己；
（5）懂得分享，不独占团队成果；

(6）与不同性格的团队成员默契配合；
(7）通过认同力量增强团队意识；
(8）顾全大局，甘当配角。

五、任务拓展

（一）键连接的类型及其结构形式

1. 平键连接

平键按用途分有三种：普通平键、导向平键和滑键。平键的两侧面为工作面，平键连接是靠键和键槽侧面的挤压传递转矩的，键的上表面和轮毂槽底之间留有间隙。平键连接具有结构简单、装拆方便、对中性好等优点，因而应用广泛。

普通平键用于轮毂与轴间无相对滑动的静连接。按键的端部形状不同分为 A 型（圆头）、B 型（方头）、C 型（单圆头）三种。A 型普通平键的轴上键槽用指状铣刀在立式铣床上铣出，槽的形状与键相同，键在槽中固定良好，工作时不松动，但轴上键槽端部应力集中较大。B 型普通平键的轴槽是用盘状铣刀在卧式铣床上加工，轴的应力集中较小，但键在轴槽中易松动，故对尺寸较大的键，宜用紧定螺钉将键压在轴槽底部。C 型普通平键常用于轴端的连接。

导向平键和滑键均用于轮毂与轴间需要有相对滑动的动连接。导向平键用螺钉固定在轴上的键槽中，轮毂沿键的侧面做轴向滑动。滑键则是将键固定在轮毂上，随轮毂一起沿轴槽移动。导向平键用于轮毂沿轴向移动距离较小的场合，当轮毂的轴向移动距离较大时宜采用滑键连接。

2. 半圆键连接

半圆键连接的工作原理与平键连接相同。轴上键槽用与半圆键半径相同的盘状铣刀铣出，因此半圆键在槽中可绕其几何中心摆动，以适应轮毂槽底面的斜度。半圆键连接的结构简单，制造和装拆方便，但由于轴上键槽较深，对轴的强度削弱较大，故一般多用于轻载连接，尤其是锥形轴端与轮毂的连接中。

3. 楔键连接

楔键的上下表面是工作面，键的上表面和轮毂键槽底面均具有 1∶100 的斜度。装配后，键楔紧于轴槽和毂槽之间，工作时靠键、轴、毂之间的摩擦力及键受到的偏压来传递转矩，同时能承受单方向的轴向载荷。

4. 切向键连接

切向键由两个斜度为 1∶100 的普通楔键组成。装配时两个楔键分别从轮毂一端打入，使其两个斜面相对，共同楔紧在轴与轮毂的键槽内。其上、下两面（窄面）为工作面，其中一个工作面在通过轴心线的平面内，工作时工作面上的挤压力沿轴的切线作用。因此，切向键连接的工作原理是靠工作面的挤压来传递转矩的。一个切向键只能传递单向转矩，若要传递双向转矩，必须用两个切向键，并错开 120°～135°反向安装。切向键连接主要用于轴径大于 100 mm、对中性要求不高且载荷较大的重型机械中。

2. 销连接

销可以分为圆柱销、圆锥销和异形销等。

圆柱销依靠少量过盈固定在孔中，对销孔的尺寸、形状、表面粗糙度等要求较高，销孔在装配前须铰削。通常被连接件的两孔应同时钻铰，孔壁的粗糙度不大于 $Ra0.6\ \mu m$。装配时，在销上涂润滑油，用铜棒将销打入孔中。

圆锥销装配时，被连接件的两孔也应同时钻铰，但必须控制孔径，钻孔时按圆锥销小头直径选用钻头，用 1∶50 锥度的铰刀铰孔。铰孔时用试装法控制孔径，以圆锥销自由插入全长的 80%~85% 为宜，然后用软锤敲入，敲入后销的大头可被连接件表面平齐，或露出不超过倒棱值。

拆卸带内螺纹的圆柱销和圆锥时，可用拔销器拔出，有螺尾的圆锥销可用螺母旋出，通孔中的圆锥可以从小头向外敲出。

拓展训练

花键连接强度计算：变速箱中的双联滑移齿轮，传递的额定功率 $P = 4$ kW，转速 $n = 250$ r/min，齿轮在空载下移动，工作情况良好，试选择花键类型和尺寸，并校核连接的强度。

六、技能鉴定辅导

能力目标

通过本任务的学习与训练，学生应该达到以下职业能力目标：
◆具有企业需要的基本职业道德和素质；
◆能够通过听课、查阅资料、检索及其他渠道收集资料和信息；
◆具有主动学习的能力、心态和行动；
◆掌握键连接的失效形式。

自 我 提 高

1. 填空题

（1）采用键连接时，为了加工方便，各轴段的键槽应设计_____，并应尽可能采用_____，以减少装夹次数和更换刀具。

（2）轴毂连接主要用来实现_____的周向固定并传递运动和转矩。

（3）键连接可分为_____连接、_____连接、_____连接和切向键连接。

（4）在轴与轮毂孔连接中，_____键适用于对中精度要求不高、载荷较大的静连接。

（5）根据用途不同，平键分为_____平键、_____平键和_____等。

（6）平键连接，工作时靠_____的挤压传递运动和转矩，因而键的_____为工作平面。

（7）普通平键用于_____连接，按键端部构造不同分为_____型、_____型和_____型三种。

（8）平键连接具有_____、_____、对中性好等优点。

（9）半圆键的优点是可在槽中_____，以适应轮毂底面，便于装配。

（10）对于普通平键，考虑到载荷分布的不均匀性，双键连接的强度按_____个键计算。

（11）根据键齿的形状不同，常用的花键分为_____和_____两类。

（12）花键连接具有_____、_____、定心性和导向性好等优点。

（13）常用的销有_____、_____和_____三种，前两种主要用作连接和定位，后一种则主要用于防松。

2. 选择题

（1）平键连接传递转矩时受_____作用。

A. 剪切　　　　　　B. 剪切和挤压　　　　C. 扭转　　　　　　D. 弯曲

（2）下列键连接中，对中较差的是_____。

A. 平键连接　　　　B. 半圆键连接　　　　C. 楔键连接　　　　D. 花键连接

(3) 普通平键连接是靠_____来传递动力的。
A. 两侧面的摩擦力 B. 两侧面的挤压力
C. 上下面的挤压力 D. 上下面的摩擦力

(4) _____连接结构简单、装拆方便、对中较好，故应用广泛。
A. 普通平键 B. 普通楔键 C. 钩头楔键 D. 切向键

(5) 键的截面尺寸通常根据_____按标准选择。
A. 传递扭矩的大小 B. 传递功率的大小
C. 轮毂的长度 D. 轴的直径

(6) 键的长度主要根据_____来选择。
A. 传递扭矩的大小 B. 传递功率的大小
C. 轮毂的宽度 D. 轴的直径

(7) 平键标记：键 B20×80 GB/T 1096—2003 中，20×80 表示_____。
A. 键宽×轴径 B. 键高×轴径 C. 键宽×键长 D. 键高×键长

(8) 标准平键连接的承载能力通常取决于_____。
A. 轮毂的挤压强度 B. 键的剪切强度
C. 键的弯曲强度 D. 键工作表面的挤压强度

(9) 花键连接与平键连接（采用多键时）相比较，_____的观点是错误的。
A. 承载能力较大
B. 旋转零件在轴上有良好的对中性和沿轴移动的导向性
C. 对轴的削弱比较严重
D. 可采用研磨加工来提高连接和加工精度

(10) 在下列连接中，_____属于可拆连接。
A. 键连接 B. 过盈连接 C. 焊接 D. 铆接

(11) 在轴与轮毂孔连接中，_____键适用于动连接。
A. 平键 B. 半圆键 C. 导向平键 D. 切向键

(12) 下列键中，对中性能最差的是_____。
A. 平键 B. 楔键和切向键 C. 半圆键 D. 花键

(13) 下列叙述中正确的是（　　）。
A. 键的作用是防止齿轮脱落 B. 键的作用是减小安装间隙
C. 键的作用是连接传递转矩 D. 键的作用是增大传递动力

(14) 常用的（　　）有圆柱销、圆锥销和开口销等。
A. 柱 B. 锥 C. 销 D. 杆

(15) 花键常与轴制成一体，能传递较大的（　　）。常用的花键有（　　）、渐开线花键和三角形花键等。
A. 力，矩形花键 B. 速度，梯形花键
C. 扭矩，矩形花键 D. 力，梯形花键

(16) 在反映花键轴线的剖视图中，花键孔的大径和小径均用（　　）绘制，并用局部视图画出。
A. 细实线 B. 粗实线 C. 点画线 D. 虚线

(17) 开口销是由剖面为（　　）的金属弯曲而成的，其公称直径是指销孔的直径，它的实际尺寸是小于公称直径的。
A. 圆形 B. 椭圆形 C. 半圆形 D. 半圆形或椭圆形

任务5.3 联轴器设计选用

一、学习导引

联轴器主要用于轴与轴之间的连接,由于制造和安装的精确误差,以及工作受载时部件的弹性变形与温差变形,联轴器所连接的两轴线不可避免地要产生相对偏移,将在轴、轴承和联轴器上引起附加载荷,甚至出现剧烈振动。因此,联轴器还应具有一定的补偿两轴偏移的能力,以消除或降低被连两轴相对偏移引起的附加载荷,改善传动性能,延长机器寿命。为了减少机械传动系统的振动、降低冲击尖峰载荷,联轴器还应具有一定的缓冲减震性能。

建议3~5人组成学习小组,充分利用网络教学资源,完成下面的学习任务,对你的工作和生活都有一定的辅助。

网站冲浪

1. 两轴之间的偏移形式有哪几种?

2. 联轴器的作用是什么?有什么特点?

3. 小组讨论,凸缘联轴器两种对中的方法是什么,各有什么特点。

资源浏览

1. 小组讨论并查阅相关资料,辨识各种类型的联轴器。

2. 选择联轴器的类型时考虑的因素主要有哪些?

3. 制动器为什么一般安装在高速轴上?

多学一手

1. 离合器

用离合器连接的两轴可在机器运转过程中随时进行接合和分离。

离合器按其工作原理可分为牙嵌式、摩擦式和电磁式三类;按控制方式可分为操纵式和自动式两类。操纵式离合器需要借助人力或动力(如液压、气压、电磁等)进行操纵;自动式离合器不需要外来操纵,可在一定条件下实现自动分离和接合,如超越离合器、离心离合器和安全离合器等。

对于已经标准化的离合器,其选择步骤和计算方法与联轴器相同。对于非标准化或不按标准制造的离合器,可先根据工作情况选择类型,再进行具体的设计计算,具体的方法及计算内容可查阅有关资料。

1)牙嵌式离合器

牙嵌式离合器是用爪牙状零件组成嵌合副的离合器。如图5-3-1所示,牙嵌式离合器由两个端面带牙的半离合器1、3组成。从动半离合器3用导向平键或花键与轴连接,另一半离合器1用平键与轴连接,对中环2用来使两轴对中,滑环4可操纵离合器的分离或接合。

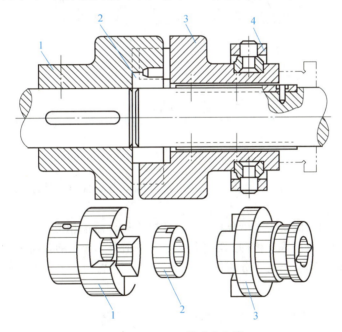

图5-3-1 牙嵌式离合器
1—左半离合器;2—对中环;3—右半离合器;4—滑环

牙嵌式离合器的常用牙型有矩形、梯形和锯齿形等。矩形齿接合、分离困难,牙的强度低,磨损后无法补偿,仅用于静止状态的手动接合;梯形齿牙根强度高,接合容易,且能自动补偿牙的磨损与间隙,因此应用较广;锯齿形牙根强度高,可传递较大转矩,但只能单向工作。

牙嵌式离合器结构简单,外廓尺寸小,两轴接合后不会发生相对移动,但接合时有冲击,只能在低速或停车时接合,否则凸牙容易损坏。

2)摩擦式离合器

摩擦式离合器利用主、从动半离合器摩擦片接触面间的摩擦力传递转矩。为提高传递转矩的能力，通常采用多片摩擦片，它能在不停车或两轴有较大转速差时进行平稳接合，且可在过载时因摩擦片间打滑而起到过载安全保护作用。

图 5-3-2 所示为多片摩擦式离合器，它有两组间隔排列的内、外摩擦片。外摩擦片 2 通过外圆周上的花键与鼓轮相连（鼓轮与轴固连），内摩擦片 3 利用内圆周上的花键与套筒 5 相连（套筒与另一轴固连），移动滑环 6 可使杠杆 4 压紧或放松摩擦片，从而实现离合器的接合或分离。

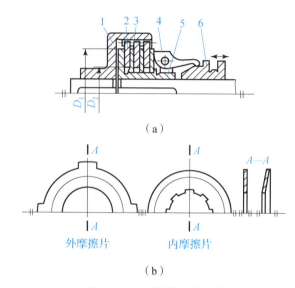

图 5-3-2 摩擦式离合器
1—鼓轮；2—外摩擦片；3—内摩擦片；4—分离杠杆；5—套筒；6—滑环

3）特殊功用离合器

（1）安全离合器。

安全离合器指当转矩超过一定数值后，主、从动轴可自动分离，从而保护机器中其他零件不被损坏的离合器。

图 5-3-3 所示为牙嵌式安全离合器，它与牙嵌式离合器很相似，只是牙的倾斜角 α 较大，并由弹簧压紧机构代替滑环操纵机构；当转矩超过允许值时，牙上的轴向分力将压缩弹簧，使离合器产生跳跃式滑动，离合器处于分离状态；当转矩恢复正常时，离合器在弹簧力的作用下又重新接合。

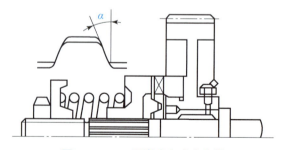

图 5-3-3 牙嵌式安全离合器

（2）超越离合器。

超越离合器的特点是能根据两轴角速度的相对关系自动接合和分离。当主动轴转速大于从动轴转速时，离合器将使两轴接合起来，把动力从主动轴传给从动轴；而当主动轴转速小于从动轴时则使两轴脱离。因此，这种离合器只能在一定的转向上传递转矩。

图5-3-4所示为应用最为普遍的滚柱式超越离合器，它是由星轮1、外壳2、滚柱3和弹簧4组成的。滚柱被弹簧压向楔形槽的狭窄部分，与外壳和星轮接触；当星轮1为主动件并沿顺时针方向转动时，滚柱3在摩擦力的作用下被楔紧在槽内，星轮1借助摩擦力带动外壳2同步转动，离合器处于接合状态；当星轮1逆时针转动时，滚柱被带到楔形槽的较宽部分，星轮无法带动外壳一同转动，离合器处于分离状态。当外壳2为主动件并沿逆时针方向转动时，滚柱被楔紧，外壳2带动星轮1同步转动，离合器接合；当外壳2顺时针转动时，离合器又处于分离状态。

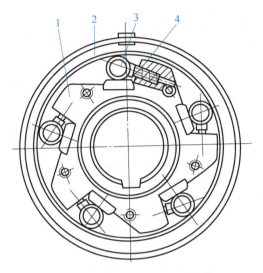

图5-3-4 滚柱式超越离合器
1—星轮；2—外壳；3—滚柱；4—弹簧

> **集思广益**
> （1）小组长组织本项目的学习与考核，相互交流自行车上用的离合器和制动器，分析其结构特征。
> （2）用书面的形式提交研讨结果。

1. 小组讨论：离合器的类型有哪些。

2. 说明联轴器和离合器的区别。

二、难点与重点点拨

本次学习任务的目标是了解联轴器的功能和分类；掌握联轴器的结构形式；掌握联轴器的选择方法。

学习重点：
- 了解联轴器的类型和特点；
- 掌握联轴器的类型选择；

项目五　连接零件设计　109

- 掌握联轴器的型号选择。

学习难点：
- 联轴器的型号选择。

三、任务部署

阅读主体教材、自主学习手册等相关知识，按照表 5-3-1 要求完成学习任务。

表 5-3-1 任务单 联轴器设计选用

任务名称	带式输送机用联轴器的设计选用	学时		班级	
学生姓名		学生学号		任务成绩	
实训设备		实训场地		日期	
任务目的	学会联轴器设计选用方法				
任务说明	一、任务要求 带式输送机用联轴器与圆柱齿轮减速器相连。 二、任务实施条件 1. 计算器、机械设计手册等绘图工具。 2. A4 图纸 1 张、联轴器和减速器的三维模型。				
任务内容	带式输送机用联轴器与圆柱齿轮减速器相连。已知电动机输出功率 $P = 10$ kW，转速 $n = 960$ r/min，输出轴直径为 42 mm，输出轴长 112 mm，用半圆头普通平键与联轴器相连接；减速器输入轴直径为 45 mm，输入轴长为 112 mm，用圆头普通平键与联轴器连接。试选择该处的联轴器				
任务实施	一、联轴器类型的选择 二、联轴器型号的选择 （1）计算联轴器的名义转矩。 （2）初选联轴器的型号。 （3）校核最大转速。 （4）检查轴孔直径。 三、确定联轴器的型号				
谈谈本次课的收获，写出学习体会，给任课教师提出建议					

四、任务考核

任务考核见表 5-3-2。

表 5-3-2　任务 5.3　考核表

任务名称：联轴器设计选用　　　　　　　　　　专业＿＿＿＿20＿＿＿＿级＿＿＿班
第＿＿＿＿小组　　　　　　　　　　　　　　　　姓名＿＿＿＿＿学号＿＿＿＿＿

考核项目		分值	自评	备注
信息收集	信息收集方法	5		从主体教材、网站等多种途径获取知识，并能基本掌握关键词学习法
	信息收集情况	10		基本掌握主体教材相关知识点
	团队合作	10		团队合作能力强
任务实施	任务描述	10		不合理扣除 3 分
	选择联轴器的类型	15		不合理扣除 2 分
	选择联轴器的型号	10		不合理扣除 2 分
	计算过程	15		不合理扣除 2 分
	初选联轴器的型号	10		步骤不规范扣除 3 分
	校核最大转速和检查轴孔直径	10		
文明生产	工作保持环境整洁、设计习惯良好	5		不规范扣除 5 分
小计		100		
其他考核				
考核人员	分值	评分	存在问题	解决办法
（指导）教师评价	100			
小组互评	100			
自评成绩	100			
总评	100		总评成绩 = 指导教师评价 ×35% + 小组评价 ×25% + 自评成绩 ×40%	

越修越好

职业素养在于提升员工职业素养的团队意识。
（1）团队是个人职业成功的前提；
（2）个人因为团队而更加强大；
（3）面对问题要学会借力与合作。

五、任务拓展

联系本任务所学的知识，观察离合器、制动器和联轴器在汽车上的应用。它们都安装在传动系统的什么位置上？起什么作用？

六、技能鉴定辅导

能力目标

通过本任务的学习与训练，学生应该达到以下职业能力目标：
◆ 具有企业需要的基本职业道德和素质；
◆ 能够通过听课、查阅资料、检索及其他渠道收集资料和信息；
◆ 具有主动学习的能力、心态和行动；
◆ 掌握联轴器的型号选择。

自 我 提 高

1. 填空题

（1）联轴器和离合器的功能都是用来_____两轴且传递转矩的。
（2）用联轴器连接的轴只能是停车后_____才能使它们分离。
（3）联轴器分为_____联轴器和_____联轴器两大类。
（4）在不能保证被连接轴线对中的场合，不宜使用_____联轴器。
（5）弹性联轴器是靠弹性元件_____补偿轴的相对位移的，弹性元件兼有_____和_____作用。
（6）当两轴线成较大偏移角相交传动时，应采用_____联轴器。
（7）齿式联轴器适合于传递_____的载荷，具有补偿_____的能力，其速度较平稳。
（8）在重型机械中_____联轴器被广泛应用。
（9）十字滑块联轴器适用于_____、_____、冲击小的场合。
（10）万向联轴器适用于轴线有交角或距离_____的场合。
（11）万向联轴器都是_____使用的。
（12）在类型上，万向联轴器属于_____联轴器，凸缘联轴器属于_____联轴器。
（13）在低速、无冲击、要求严格对中时，广泛使用结构简单的_____联轴器。
（14）无弹性元件联轴器是靠联轴器中_____来补偿轴的相对位移的。
（15）当载荷平稳，被连接的两轴安装时能严格对中又没有相对位移时，可选用_____联轴器。
（16）在设计中，应根据被连接轴的转速、_____和_____选择联轴器的型号。
（17）离合器在机器运转过程中，能将传动系统随时_____或_____。
（18）离合器按其工作原理分为_____离合器、_____离合器和_____离合器三类。
（19）牙嵌式离合器只能在_____或_____时进行接合，若在运动中接合，则有_____。
（20）摩擦式离合器利用_____接触面间的摩擦力来传递转矩。
（21）_____离合器的特点是能根据两轴角速度的相对关系自动接合和分离。
（22）制动器一般都安装在_____轴上。
（23）超越离合器可以使同一根轴上出现_____转速。
（24）制动器是用来_____机械运转速度或_____运转的装置。
（25）_____制动器结构紧凑，广泛应用于各种车辆以及结构受到限制的机械中。

2. 选择题

（1）要求被连接轴的轴线严格对中的联轴器是_____。

A. 凸缘联轴器 B. 套筒联轴器
C. 弹性套柱销联轴器 D. 万向联轴器

（2）只能在低速下使用的联轴器是_____。
A. 齿式联轴器 B. 凸缘联轴器
C. 万向联轴器 D. 十字滑块联轴器

（3）_____适用于两轴的对中性好、冲击较小及不经常拆卸的场合。
A. 凸缘联轴器 B. 套筒联轴器 C. 万向联轴器 D. 十字滑块联轴器

（4）_____联轴器利用元件间的相对运动，补偿两轴间的位移。
A. 万向 B. 十字滑块 C. 凸缘 D. 弹性柱销

（5）在载荷比较平稳，冲击不大，但在两轴轴线具有一定程度的相对偏移量的情况下，通常宜采用_____联轴器。
A. 刚性固定式 B. 刚性可移式 C. 弹性 D. 安全

（6）齿轮联轴器可补偿两传动轴间的_____位移。
A. 综合 B. 轴向 C. 径向 D. 偏角

（7）_____离合器可在任意转速下平稳、方便地接合与分离两轴运动。
A. 安全式 B. 摩擦式 C. 牙嵌式 D. 超越式

（8）自行车飞轮的内部结构为_____，因而可蹬车、滑行乃至回链。
A. 链传动 B. 制动器 C. 超越离合器 D. 牙嵌式离合器

（9）牙嵌式离合器只能在_____时接合。
A. 单向转动 B. 高速转动
C. 两轴转速差很小或停车 D. 正反转工作

（10）万向联轴器成对使用，是为了解决_____的问题。
A. 从动轴瞬时角速度变化 B. 两轴角度偏移量大
C. 空间尺寸 D. 轴向偏移

（11）有过载保护作用的机械部件是_____。
A. 弹性套柱销联轴器 B. 万向联轴器
B. 牙嵌离合器 D. 多片摩擦离合器

（12）在一根轴上能同时存在两种不同转速的是_____。
A. 牙嵌式离合器 B. 摩擦式离合器 C. 超越离合器 D. 安全离合器

（13）一般电机与减速器的高速级的连接常选用_____联轴器。
A. 齿轮 B. 十字滑块 C. 凸缘 D. 弹性柱销

（14）_____结构简单，制动力矩较大，制动可靠。
A. 内涨制动器 B. 锥形制动器 C. 带状制动器 D. 块式制动器

（15）_____离合器在运动接合时冲击较大。
A. 牙嵌 B. 圆盘摩擦 C. 磁粉 D. 超越离合器

3. 判断题

（1）联轴器常用于两轴需要经常换向的地方。（ ）
（2）刚性联轴器可用于两轴线偏差较小的轴连接。（ ）
（3）牙嵌式离合器只能在低速下或停车后接合与分离两轴运动。（ ）
（4）联轴器具有安全保护作用。（ ）
（5）万向联轴器主要用于两轴相交的传动。为了消除不利于传动的附加载荷，一般将万向联轴器成对使用。（ ）

（6）齿轮联轴器的外齿齿顶是制成凹弧面的。（　）
（7）弹性联轴器能补偿被连接两轴之间大量的位移和偏斜。（　）
（8）弹性柱销联轴器允许两轴有较大的角度位移。（　）
（9）十字滑块联轴器会对轴与轴承产生附加载荷。（　）
（10）联轴器的计算扭矩需乘以一个小于 1 的载荷系数。（　）
（11）多片式摩擦离合器片数越多，传递的转矩越大。（　）
（12）自行车后飞轮采用了超越离合器，因此，可以蹬车、滑行乃至回链。（　）
（13）汽车采用离合器，能方便地接合或断开动力的传递。（　）
（14）内涨式制动器广泛用于各种车辆以及结构尺寸受限制的机械中。（　）
（15）在机床的变速箱中，制动器应装在低速轴上。（　）